科学新悦读文丛

课堂上来不及思考的
数学 ② 挑战
思维极限

陈开◎著

U0152576

MATH

人民邮电出版社
北京

图书在版编目（CIP）数据

课堂上来不及思考的数学. 2，挑战思维极限 / 陈开
著. -- 北京 ：人民邮电出版社，2022.8
（科学新悦读文丛）
ISBN 978-7-115-58737-4

Ⅰ. ①课… Ⅱ. ①陈… Ⅲ. ①数学－普及读物 Ⅳ.
①O1-49

中国版本图书馆CIP数据核字(2022)第032341号

内 容 提 要

本书主要面向学有余力的小学高年级学生、中学生以及其他数学爱好者，通过有趣的数学故事探究数学之美。书中的多篇故事涵盖了中小学数学教育课程的主要分支，同时也是数学竞赛中常见的 4 个主要类别：数论、代数、几何和组合数学。一方面，本书再现了多个与数学原理相关的历史、文化、科学和艺术场景，展现了数学之美以及数学和人文科学的统一；另一方面，本书也可以帮助读者加深对课内知识点的理解，提供的例题及讲解可以帮助正在准备数学竞赛的读者，使他们能举一反三、开拓思维。

本书可以作为中小学生的课外读物，也可作为数学爱好者进行数学思维训练和补充数学知识的资料。

◆ 著　　　　陈 开
　　责任编辑　李 宁
　　责任印制　陈 犇

　　人民邮电出版社出版发行　　北京市丰台区成寿寺路 11 号
　　邮编　100164　　电子邮件　315@ptpress.com.cn
　　网址　https://www.ptpress.com.cn
　　临西县阅读时光印刷有限公司印刷

◆ 开本　700×1000　　1/16
　　印张：9　　　　　　　　　　2022 年 8 月第 1 版
　　字数：144 千字　　　　　　2022 年 8 月河北第 1 次印刷

定价：49.80 元

读者服务热线：(010)81055410　印装质量热线：(010)81055316
反盗版热线：(010)81055315
广告经营许可证：京东市监广登字 20170147 号

前言

Preface

你没看错，这是那本《课堂上来不及思考的数学》的姊妹篇。

和上一本图书一样，本书既不是教材，也不是竞赛专用书。本书内容的取材和灵感多来源于我和女儿关于数学问题的讨论，也可以算是我写给女儿的课堂之外的数学书。因此，让数学变得生动有趣，让大家在课外仍然能对数学保持持续的兴趣，仍然是本书写作的目的。你依然可以在本书中看到生动的故事、活泼的文字、通俗的比喻和现实中的示例，由此你的思维可以从课内知识点延伸到课外的应用，乃至其他学科之中，从而做到举一反三和融会贯通。

不过作为姊妹篇，本书涉及了一些更深的内容，有更多的公式和推导，以及更有挑战性的例题。你需要做的，是在下午茶时间里，准备一颗愿意挑战的心、一支笔、若干张草稿纸，从在课本中学到的内容出发，慢慢延伸到一些进阶的知识点，理解公式及其推导过程中的原理和逻辑，再努力去战胜书中的这些挑战。

在本书中，你仍将读到一些有趣的故事，有对数字有着癖好的特斯拉，有传说中可以心算出士兵人数的韩信，有电视剧《老友记》中的路痴乔伊，还有曾经纵横驰骋在欧洲大陆上的拿破仑。在故事中，你还可以了解到日本人常用来许愿的绘马，麻省理工学院学生们进行的叠纸挑战，韦达定理的发现者也是一个破译专家，19世纪出版的时尚杂志居然定期刊登数学问题，等等。这些故事将带领你去品味中国古代数学中的巧妙算法，去感受中西方文化中蕴含的数学思想，以及数学向自然、生物、文学、社会等其他学科领域的渗透和它们之间的交融。

本书分为"数学的源泉""书写的几何""图形的代数"和"严格的完美"4章。这4章的内容大致涵盖了中小学数学教育课程内容的主要分支，同时也是数学竞赛中的4个主要类别。在第1章中，你将了解到关于整数的一些进阶性质。包括数的整除、同余运算、质因数的分布以及整系数不定方程。在第2章中，你会接触到二项式展开、函数的不动点、不等式的性质等内容，其中不等式的齐次化和归一化对你来说可能具有一定的挑战性。在第 3 章中，你将了解到相似三角形和全等三角形、托勒密定理、圆幂定理、黄金分割，以及分形和分形的维度等，其中，几何的复数表示形式属于进阶内容。第 4 章是一个"大杂烩"，在这里你将学习到数学归纳法、贝叶斯概率、平衡不完全区组设计等方面的知识，后者需要你花更多的时间来推算和理解。

本书可以作为课外阅读、数学思维训练和数学知识科普的补充读物，主要面向学有余力的小学高年级学生、中学生以及其他数学爱好者。对于阅读目的为扩大知识面的读者，你们可以更多地关注本书中涉及的数学的历史性和多元性，即数学背后深厚的人文历史、数学家们鲜明的人格特点，以及数学原理向其他学科的延伸和应用等方面。对于阅读目的为加深理解课内知识点的读者，你们可以侧重于本书中关于知识点的讲解和延伸内容，在加深理解的基础上做到有所拓展。对于正在准备数学竞赛的读者来说，你们可以把重点放在本书中的例题上，尤其是一些进阶的、本身就来自于竞赛的例题，做到理解到位和举一反三。读者朋友们也可以通过邮箱 wiskclub.be@gmail.com 与我联系。

在上一本书中，我曾在前言中介绍过我未满 16 岁的女儿在第一次参加国际数学奥林匹克竞赛时获得了一块宝贵的铜牌。2021 年 12 月初，我的女儿又接受了剑桥大学数学专业的入学面试。在近 3 小时的面试中，她尝试解答了若干数学问题，并在和面试官的互动中讲解且拓展了自己的解题思路。这些问题部分基于中学学过的内容，部分涉及微积分、统计等进阶内容。对我而言，我很高兴自己平日对女儿的数学思维训练可以帮助她自如地应付专业人士的面试提问；而对她来说，这是她实现自己梦想所必须经历的一个挑战。

相信本书的大小读者朋友们都有着自己的梦想，不论是增加知识、拓展思路，是提高成绩、顺利升学，还是突破自我、竞赛成功，要实现这些梦想，都离不开自身的不断努力和付出。希望你们都能做到开卷有益，提升自己的能力，战胜一个又一个的挑战，最终实现自己的梦想！

目 录

Contents

第 **1** 章

数学的源泉

　　闵可夫斯基说，整数是所有数学的源泉。发明家特斯拉为什么一辈子都钟情于 3 的整倍数？在吉尼斯世界纪录中，一张足够长的厕纸最多被成功对折了多少次？悬赏一百万美元大奖的问题为什么无人能解决？传说中"韩信点兵、多多益善"的故事蕴含了什么数学原理？通过这些小故事，你将接触到数论中更深一层的内容：数的整除、同余运算、完全平方数的性质、整数中质因数的分布、整系数不定方程的有解条件，以及线性同余方程组的求解方法。

1.1 特斯拉的强迫症

"2020年3月20日，是这一年的春分，也是这个世纪的第一个超级整除日。20200320可以同时被1、2、3、4、5、6、7、8、9、10整除。"

在纽约曼哈顿的纽约客酒店，一个瘦高个男人正坐在餐厅的一角，他有着黝黑、中分的头发，宽宽的额头下面是一双深邃的眼睛，此时他正盯着自己手边的一叠餐巾纸。

"没错，特斯拉先生，18条，我仔细数过了。"侍者站在一旁赔着笑脸。

这个被称作"特斯拉先生"的男人仔细地擦拭着他的盘子，这应该是晚餐前的最后一个盘子了。没错，他已经擦拭完3副刀叉和两个盘子，只需做完这最后的"功课"，侍者就可以开始上头盘了。

图 1.1.1 特斯拉住过的房间的展示板

尼古拉·特斯拉（Nikola Tesla）在这家酒店的3327号房间已经住了快10年（图1.1.1），餐厅里的每一个侍者都深知这个老头的怪毛病，他总是要摆上3套餐具，饭前用18张餐巾纸把所有餐具都擦拭一遍。不过，他们不知道这个怪老头是一个伟大的发明家，他改进了交流电发电机、电动机和远程控制系统的设计。特斯拉后来被人们认为是电力商业化的先驱，他的名字在2003年被埃隆·马斯克（Elon Musk）用来命名其电动汽车及能源公司。

因为卓越的发明以及在现代电气行业中的先驱地位，特斯拉对数字3的偏爱被后来的很多人神化。传说特斯拉曾经说过，"如果你了解数字3、6和9的美妙之处，你就拥有通往宇宙真相的钥匙"；传说他曾经通过计算，得出行星的运行轨迹和交汇点与数字3、6和9有关。不过如果进行认真考证，人们很难在任何传记或者文献中发现支持上述传说的证据。

特斯拉先生，这位电机工程学的先驱，也许只是单纯地对数字 3 及其倍数有着"强迫症"。比如他去一个陌生的所在，可能会在进门前先绕着建筑物转 3 圈；他在纽约客酒店选择 33 层的 27 号房间；他在餐前用 18 条餐巾纸擦拭 3 套餐具……人们试图把这个天才的强迫症归于玄学——他在用 3、6 和 9 去研究宇宙的本质。

和玄学相比，数学似乎更加接近宇宙的本质。6、9、18、27 和 33 都是 3 的倍数，6、9、18、27 和 33 都能被 3 整除，就这么简单。

整除，是自然数乃至整数的一个基本特性。当整数 a 除以非零整数 b，商为整数、余数为 0 时，我们就说 a 能被 b 整除（或者说 b 能整除 a），记作 $b|a$。同时，a 被称为 b 的倍数，b 被称为 a 的约数或因数（因子）。

整除有以下基本性质。

（1）若 $a|b$，$a|c$，则 $a|(b \pm c)$。

（2）若 $a|b$，则对任意整数 c，$a|(bc)$。

（3）若 $a|b$，$b|a$，则 $|a| = |b|$。

（4）若 a 能同时被 b 与 c 整除，并且 b 与 c 互质，那么 a 一定能被积 bc 整除。反过来也成立，若 a 能被积 bc 整除，并且 b 与 c 互质，那么 a 同时能被 b 与 c 整除。

先看一道简单的例题：一个三位自然数正好等于它各数位数字之和的 18 倍，则这个三位自然数是（A）999；（B）476；（C）387；（D）162。

答案为 D。这个三位自然数能够被 18 整除，因为 2 和 9 互质，所以这个三位自然数分别能够被 2 和 9 整除，A 和 C 是奇数，B 不能被 9 整除，所以答案是 D。

在上题中，除了运用整除的基本性质，还需要快速判断出哪个数可以被 9 整除。对于常见的除数，我们可以总结出一些规律。

对于除数为 2 或 5 的情况，因为十位数及以上的部分可以被 10 整除，也肯定可以被 2 或 5 整除，所以只需要考虑个位数，如果个位数为偶数则可以被 2 整除，个位数为 0 或者 5 则可以被 5 整除。

类似地，这个规律可以用于除数为 4 或 25、8 或 125 的情况。因为百位数及以上的部分可以被 100 整除，所以对于除数为 4 或 25 的情况，只需考虑截去百位数及以上部分所剩余的那个两位数是否可以被 4 或者 25 整除。对于除数为 8 或 125 的情况，只需考虑截去千位数及以上部分所剩余的那个三位数是否可以被

8 或者 125 整除。

对于除数为 3 或 9 的情况，若有 $a_n\cdots a_i\cdots a_2 a_1$ 这样一个 n 位数，右起第 i 位上的数字为 a_i，这个 n 位数可以写成 $\sum_{i=1}^{n}(a_i 10^{i-1})$，即 $\sum_{i=1}^{n}[a_i(10^{i-1}-1)]+\sum_{i=1}^{n}a_i$，其中 $(10^{i-1}-1)$ 为连续 $i-1$ 个 9 组成的整数，一定可以被 3 或 9 整除，所以我们只需考虑 $\sum_{i=1}^{n}a_i$，即组成 n 位数的所有数字之和，如果它可以被 3 或 9 整除，那么这个 n 位数就可以被 3 或 9 整除。

对于除数为 11 的情况，可以把这个整数的奇数位和偶数位上的数字分别加起来，然后将两个和相减，考虑得出的这个差是否能被 11 整除。我们用 a_{2i+1} 表示右起奇数位的数字，b_{2i+2} 表示右起偶数位的数字，i 是大于等于 0 的整数，那么这个整数可以写成

$$\sum_{i=0}^{n}(b_{2i+2}10^{2i+1}+a_{2i+1}10^{2i})$$

$$=\sum_{i=0}^{n}10^{2i}(10b_{2i+2}+a_{2i+1})$$

$$=\sum_{i=0}^{n}10^{2i}[(11b_{2i+2}+(a_{2i+1}-b_{2i+2})]$$

$$=11\sum_{i=0}^{n}10^{2i}\cdot b_{2i+2}+\sum_{i=0}^{n}10^{2i}\cdot(a_{2i+1}-b_{2i+2})$$

$$=11\sum_{i=0}^{n}10^{2i}\cdot b_{2i+2}+\sum_{i=0}^{n}100^{i}\cdot(a_{2i+1}-b_{2i+2})$$

$$=11\sum_{i=0}^{n}10^{2i}\cdot b_{2i+2}+\sum_{i=0}^{n}(99+1)^{i}\cdot(a_{2i+1}-b_{2i+2})$$

因为第 1 项是 11 的倍数，所以只需考虑第 2 项 $\sum_{i=0}^{n}(99+1)^{i}\cdot(a_{2i+1}-b_{2i+2})$ 能否被 11 整除。再由 $(99+1)^{i}$ 的二项展开式可知，前 i 项都是 99 的倍数，也是 11 的倍数，所以只需考虑第 $i+1$ 项 $\sum_{i=0}^{n}(a_{2i+1}-b_{2i+2})$ 能否被 11 整除即可。

类似地，对于除数 x，利用某个接近 10 的幂的 x 的倍数进行截取补余的方法叫作截余法。这种方法可以用于除数为 7、13、17、19 等的情况。

比如除数为 17，因为 51 可以被 17 整除，所以可以截掉个位数，将剩下的数减去原个位数的 5 倍，考虑这个差是否可以被 17 整除。设原数为 $10a+b$，变形

为 10 $(a-5b)+51b$，显然，如果 $a-5b$ 是 17 的倍数，那么原数即 17 的倍数。例如，374 去掉个位数得 37，减去 4 的 5 倍，得到 17，可以被 17 整除，因此 374 是 17 的倍数。

又因为 102 也可以被 17 整除，所以也可以截掉末两位数，将剩下的数的 2 倍减去原末两位数，考虑这个差是否可以被 17 整除。设原数为 $100a+b$，变形为 $102a+(b-2a)$，显然，如果 $b-2a$（或者 $2a-b$）是 17 的倍数，那么原数即 17 的倍数。还是以 374 为例，去掉末两位数得 3，其 2 倍减去 74，得到 -68，-68 是 17 的倍数，所以 374 是 17 的倍数。

对于除数为 7、11 或 13 的情况，还有一种方法。将整数在末三位和末四位之间分开，考虑新得到的两个数之差是否可以被 7、11 或 13 整除。设该 n 位整数为 $1000a+b$，其中 b 为末三位数，a 为将该整数分开后得到的前 $n-3$ 位数，易知 $1000a+b=1001a+(b-a)$，因为 $1001=7\times11\times13$，所以只需考虑 $b-a$ 是否能被 7、11 或 13 整除即可。以 4693 为例，a 等于 4，b 等于 693，所以 $b-a$ 等于 689，689 是 13 的倍数，不是 7 或者 11 的倍数，因此 4693 是 13 的倍数，而不是 7 或者 11 的倍数。

数学博主"Matrix67"曾经提到过一个判断是否能被 7 整除的简易方法，其实就是上述方法的变形。以 86415 为例，首先将这个数从右到左以每两个数字为一组划分开，86415 就变成了 8（64）（15）；接着，从左到右，每一组数字对 7 取余，对奇数组取负余数，对偶数组取正余数；最后，忽略正负号后将余数从右到左组成一个新的数字 616（图 1.1.2）。

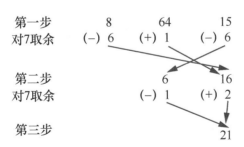

图 1.1.2 判断 86415 是否为 7 的倍数

对 616 继续进行以上操作，得到 21。显然 21 可以被 7 整除，因此 86415 也可以被 7 整除。"Matrix67"提到的这种方法同样也可以用于除数是 11 或 13 的情况，本质上同样利用了 7、11 和 13 可以整除 1001 这个事实。

我们来看一道复杂一些的例题：设 a、b、c 为 3 个互不相等的正整数，试证明 $a^3b - ab^3$、$b^3c - bc^3$、$c^3a - ca^3$ 这 3 个数中至少有一个数可以被 10 整除。

因为 $2 \times 5 = 10$，所以我们只需证明 3 个数中至少有一个数能够同时被 2 和 5 整除。将 3 个数进行因式分解，得到

$$a^3b - ab^3 = ab(a^2 - b^2) = ab(a + b)(a - b)$$

同理有

$$b^3c - bc^3 = bc(b + c)(b - c)$$
$$c^3a - ca^3 = ca(c + a)(c - a)$$

考虑 a 和 b 的奇偶性。如果 a 和 b 其中有一个偶数，那么 $a^3b - ab^3$ 显然是偶数；如果 a 和 b 都是奇数，那么 $a + b$ 是偶数，$a^3b - ab^3$ 仍然是偶数。依此类推，这 3 个数都是偶数。

再考虑 a、b 和 c 是否能被 5 整除。如果 a、b 和 c 中至少有 1 个是 5 的倍数，那么 3 个数中至少有一个能被 5 整除，原题得证。如果 a、b 和 c 都不是 5 的倍数，那么 a^2、b^2 和 c^2 的个位数必然是 1、4、6 和 9 其中的一个，从这 4 个数中任取 3 个（取的 3 个数可重复），必有 2 个个位数的和或者差为 0 或者 5，因此 $a^2 - b^2$、$b^2 - c^2$、$c^2 - a^2$ 之中至少有一个能够被 5 整除，原题得证。

我们回到整除的判断，截余法也好，数学博主"Matrix67"提出的方法也好，都是将原数对除数及其倍数进行加减操作，再考虑得到的新数是否能够被除数整除。**这种用除数及其倍数进行加减的操作，也被称为同余运算。**对除数来说，同余运算得到的结果和原数的余数相同，或者说和原数同余。

我们用 $a \bmod m$ 表示 a 对除数 m 取余数，用 $a \equiv b \pmod{m}$ 表示 a 和 b 对除数 m 同余。同余也有一些基本性质。

（1）若 $a \equiv b \pmod{m}$，$b \equiv c \pmod{m}$，则有 $a \equiv c \pmod{m}$。

（2）若 $a \equiv b \pmod{m}$，则有 $(a + km) \equiv b \pmod{m}$，$k$ 为整数。

（3）若 $a \equiv b \pmod{m}$，则有 $ka \equiv kb \pmod{m}$，k 为正整数。

（4）若 $a \equiv b \pmod{m}$，$c \equiv d \pmod{m}$，则有 $a \pm c \equiv b \pm d \pmod{m}$。

（5）$(a + b) \bmod m = (a \bmod m + b \bmod m) \bmod m$。

（6）$(ab) \bmod m = (a \bmod m \times b \bmod m) \bmod m$。

（7）若 $a \equiv b \pmod{m}$，$c \equiv d \pmod{m}$，则有 $ac \equiv bd \pmod{m}$。

（8）$a^b \bmod m = (a \bmod m)^b \bmod m$。

灵活地运用上述定理，我们可以简化求余数的过程。

以求 $437 \times 309 \times 1993$ 被 7 除的余数为例，$437 \equiv 3(\mathrm{mod}\ 7)$，$309 \equiv 1(\mathrm{mod}\ 7)$，$1993 \equiv 5(\mathrm{mod}\ 7)$，所以 $437 \times 309 \times 1993 \equiv 3 \times 1 \times 5 \equiv 15 \equiv 1(\mathrm{mod}\ 7)$。

还可以注意到，如果两个数 a 和 b 对 m 同余，那么它们的差就可以被 m 整除。

以下题为例：设 n 是大于 1 的整数，它除 210、286 和 381 的余数相同，问 n 是多少。

因为 3 个数对 n 同余，所以这 3 个数两两相减的差都可以被 n 整除，$286-210=76$，$381-286=95$，可知 76 和 95 都可以被 n 整除，76 和 95 的公因数为 19，所以 $n=19$。

再来看一道复杂一些的题：试证明 $991^{991}+993^{993}$ 能被 1984 整除。

注意到 $991+993=1984$，所以将 993^{993} 进行如下变化：

$993^{993} \equiv (-991)^{993}(\mathrm{mod}\ 1984) = (-991)^{991} \times 991^2(\mathrm{mod}\ 1984)$

而 $991^2=982081=495 \times 1984+1$，所以 $991^2 \equiv 1(\mathrm{mod}\ 1984)$。

$991^{991}+993^{993} \equiv 991^{991}+(-991)^{991} \times 991^2(\mathrm{mod}\ 1984) \equiv 991^{991}+(-991)^{991} \times 1(\mathrm{mod}\ 1984) \equiv 0(\mathrm{mod}\ 1984)$，因此 $991^{991}+993^{993}$ 可以被 1984 整除。

最后，我们来看看如果除数为因数较多的整数时，如何利用上述整除和同余的性质求解。

例：设 n 为自然数，且 $24 \mid (n+1)$，试证明 n 的所有正整数因数（包括 1 和 n 本身）之和也能被 24 整除。

首先，我们定义"正整数因数对"的概念：设 $n=pq$，p 和 q 为正整数，则称 p 和 q 为 n 的一对正整数因数对。

因为正整数因数包括 1 和 n 本身，所以 n 总是可以表示成至少一对正整数因数 p 和 q 的乘积，即 $n=pq$。

因为 $24 \mid (n+1)$，所以 n 是奇数，易知 p 和 q 也都是奇数。

又因为 $24 \mid (n+1)$，考虑 $3 \mid 24$，所以有 $3 \mid (n+1)$，因此 p 和 q 都不是 3 的倍数。

再考虑到 $6 \mid 24$，所以有 $6 \mid (n+1)$，因此 $pq=n \equiv -1(\mathrm{mod}\ 6)$。

考虑 p、q 对 6 的余数。因为 p 和 q 都是奇数，所以 $p\ \mathrm{mod}\ 6$ 和 $q\ \mathrm{mod}\ 6$ 都不可能是 0、2 或者 4；同时，因为 p 和 q 都不是 3 的倍数，所以 $p\ \mathrm{mod}\ 6$ 和 $q\ \mathrm{mod}\ 6$ 也不可能是 3。因此 $p\ \mathrm{mod}\ 6$ 和 $q\ \mathrm{mod}\ 6$ 只能是 1 或者 -1（即 5）。

又因为 $pq \equiv -1(\mathrm{mod}\ 6)$，且 $pq\ \mathrm{mod}\ 6=(p\ \mathrm{mod}\ 6) \times (q\ \mathrm{mod}\ 6)$，所以 $p\ \mathrm{mod}\ 6$ 和 q

mod 6 分别等于 1 和 -1 中的一个，即不能同时等于 1 或者 -1。

不失一般性，设 $p = 6x - 1$，$q = 6y + 1$，其中 x 和 y 为整数，$x > 0$，$y \geqslant 0$。

$n + 1 = pq + 1 = 36xy + 6x - 6y = 24xy + 6(2xy + x - y)$ 可以被 24 整除，所以 $(2xy + x - y)$ 可以被 4 整除，$x - y$ 是偶数，即 x 和 y 奇偶性相同。

$(p + 1)(q + 1) = 6x(6y + 2) = 12x(3y + 1)$。显然，$x$、$y$ 同为偶数或者同为奇数时，$x(3y + 1)$ 都是偶数，即 $24 \mid (p + 1)(q + 1)$。

同时，$(p + 1)(q + 1) = pq + p + q + 1 = (n + 1) + (p + q)$，因为 $n + 1$ 和 $(p + 1)(q + 1)$ 都能被 24 整除，所以 $24 \mid (p + q)$。

n 的所有正整数因数之和，等于它所有的正整数因数对之和，上述过程证明了它的任一正整数因数对 p 和 q 之和都能被 24 整除，所以 n 的所有正整数因数之和可以被 24 整除。

彩蛋问题

如果某个日期组成的数字可同时被 1、2、3、4、5、6、7、8、9、10 整除，我们叫它超级整除日。例如 2020 年 3 月 20 日（20200320）就是 21 世纪第一个超级整除日。那么请问，21 世纪的第二个超级整除日是哪年哪月哪日？

本节术语

截余法：对于除数 x，利用某个接近 10 的幂的 x 的倍数，对被除数 y 进行截取补余从而求得 x 能否整除 y 的方法。

同余：当两个整数除以同一个正整数 m 时，如果得到的余数相同，则称这两个整数对模 m 同余。

1.2 折叠的厕纸

"That's me. And that's three people. And I'm going to help them... and they do it for three other people. That's nine. And I give three more. That's 27. I'm not really good at math but it gets big very fast."

—Pay it forward

"这是我。这是 3 个人,我去帮助他们……然后他们去帮助另外 3 个人,这就是 9 个人。我再画 3 个,这就成了 27 个。我数学并不是很好,但它增长得很快。"

——《让爱传出去》

在美国麻省理工学院,有一条长长的走廊。这条走廊将学院的主要建筑物连接了起来。虽然取名叫作"无限走廊"(infinite corridor),但实际上它的长度大约为 251 米。

2011 年 12 月的一天,二十几个学生在数学老师詹姆斯·坦顿(James Tanton)的带领下在无限走廊中做了一个有趣的实验。他们每个人手中都捧着一叠厕纸,哦不,准确地说是捧着一张长长的、连续的、叠在一起的厕纸的一部分,大家小心翼翼地移动着,将厕纸一次次地对折起来(图 1.2.1)。坦顿和他的学生之所以选择麻省理工学院的无限走廊,是因为这里是室内,不会受风的干扰,而且场地足够长,长到可以玩转总长度为 54000 英尺(约 16459 米)的厕纸。

如果他们能够将这长度约为 16459 米的厕纸成功地对折 13 次,那么他们将打破叠厕纸这一游戏的世界纪录。

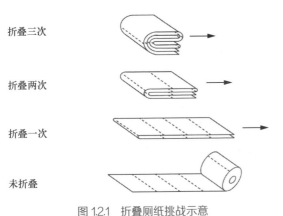

折叠三次

折叠两次

折叠一次

未折叠

图 1.2.1 折叠厕纸挑战示意

坦顿和他的学生们并不是第一个尝试这个游戏的团队。2009年，科普电视节目《流言终结者》摄制组的成员准备了一张足球场大小的纸，节目嘉宾们往不同的方向反复将其折叠，在压路机的帮助下成功地将其对折了11次，最后得到一堆面积不到2平方米、厚度有2048层的叠纸。

很显然，这个游戏不仅仅是对数字的计算。理论上，只要纸张足够大，我们可以将一张纸近乎无限地对折，得到足够多的对折次数；不过在实际中，每一次对折不仅叠纸的层数加倍、面积减半，而且在折叠处还损失了部分纸张——更重要的是，折叠在物理上还带来了额外的张力，这些张力给纸张的韧性带来了很大的挑战。

所以，挑战者们选择了厕纸，因为它足够薄且折叠过程带来的额外张力足够小——如果你下次在超市里看到推着一车厕纸的人，就要想到他不一定是为了囤积，而也许是为了参与折叠厕纸挑战。

在小心翼翼地移动和折叠之后，坦顿和他的学生们成功地实现了13次对折，将厕纸折叠成大约1.5米长的物体，当然，这个物体共有8192层。这个结果打破了高中生布里特妮·加利文（Britney Gallivan）在2001年创造的11次对折的纪录，布里特妮的父母在购物中心花了85美元和7小时买来了长约1200米的厕纸，他们的女儿成功地将厕纸对折成了不到1米长的叠纸。

这，就是幂的力量。

大多数人对以2为底数的幂或者指数的增长的认识，可能来自传说中那个发明了国际象棋的老人和印度国王的故事，它有着看似以卑微开始、实则以贪心结束的反转剧情。按照1粒麦子重0.08克计算，摆满64个格子所需的麦子的质量（质量俗称重量）将超过15000亿吨。

除了这个传说，人们还可以通过细菌繁殖的例子来体会指数增长速度的恐怖。在适宜的条件下，大多数细菌只需要20分钟就可以繁殖一代，即由1个细菌分裂成2个细菌。由此计算，细菌一天内可以繁殖72代，两天内可以繁殖144代。如果一开始只有1个细菌，经过2天，这个菌落就可以变成22300745198530623141535718272648000000000000个细菌。别看细菌很小，这些细菌相当于几千个地球那么重！不过在现实中，细菌的繁殖受到营养物质的消耗、毒性产物的累积等很多因素的影响，它的繁殖不可能始终保持以指数的方式增长，所以我们不用担心细菌在两天内就"吃光"整个地球。

和 2^n 相比，如果我们把底数和指数交换一下，得到 n^2，它的增长速度就要慢很多。对自然数 n 来说，n^2 也被称为**完全平方数**。完全平方数有很多有意思的性质，比如 n^2 是前 n 个奇数之和，$1 + 3 + 5 + \cdots + (2n-1) = n^2$。有意思的是，这个公式除了用高斯算法——首尾相加求和进行推导以外，还可以用图示直观地表达出来（图 1.2.2）。

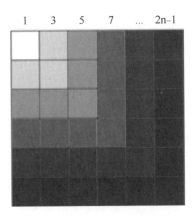

图 1.2.2　完全平方数的图示解法

每个用灰度表示的反"L"形正好占据奇数个小方格，它和它左上角方向的所有反"L"形加起来的正方形正好占据 n^2 个小方格。

用类似的图示解法（图 1.2.3），我们还能得到一个更加复杂的完全立方数的求和公式：$1 + 8 + 27 + \cdots + n^3 = \left[\dfrac{n(n + 1)}{2}\right]^2$。

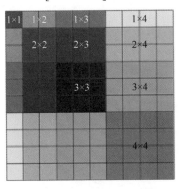

图 1.2.3　完全立方数求和公式的图示解法

类似地，红色区域为 1^3，绿色加红色区域为 $2^3 + 1^3$，蓝色、绿色加红色区域为 $3^3 + 2^3 + 1^3$，黄色、蓝色、绿色加红色区域为 $4^3 + 3^3 + 2^3 + 1^3$……而相应正方

第 1 章　数学的源泉

形的边长为 1、1 + 2、1 + 2 + 3、1 + 2 + 3 + 4……所以，以上公式显而易见，同时说明前 n 个完全立方数之和一定是完全平方数。

完全平方数其他的一些性质如下。

（1）完全平方数的末位数只能是 0、1、4、5、6、9 其中之一。这个很容易通过 1～9 这 9 个个位数的平方进行验证。

（2）奇数的平方的个位数为奇数，十位数为偶数。这可以从 $(10n + k)^2$ 的展开式以及 $k = 1$、3、5、7、9 时的 k^2 的结果得到证明。

（3）如果完全平方数的十位数是奇数，则它的个位数一定是 6；反之，如果完全平方数的个位数是 6，则它的十位数一定是奇数。平方后的个位数要得到 6，那么原数的个位数只能是 4 或者 6，将 $(10n + 4)^2$ 或者 $(10n + 6)^2$ 展开后可知十位数一定是奇数。类似地，可以证明个位数为 0、2、8 的数，其平方式展开后十位数一定是偶数，结合性质 2，可知平方数十位数为奇数时，原数的个位数只能是 4 或者 6。

（4）奇数的平方除以 8 余 1，偶数的平方除以 8 余 0 或者 4。设 $n = 2k + 1$，$n^2 = 4k(k + 1) + 1$，k 和 $k + 1$ 为连续自然数，其中必有一个偶数，所以 n^2 除以 8 余 1。对于 n 为偶数的情况，可以设 $n = 4k$ 或者 $n = 4k + 2$，类似地，可以得到证明。

（5）完全平方数除以 3 余 0 或者余 1。设 $n = 3k$ 或者 $n = 3k \pm 1$，类似地，可以得到证明。换句话说，如果一个数除以 3 余 2，那么它一定不是完全平方数。

（6）完全平方数除以 5 不可能余 2 或者余 3。设 $n = 5k$、$n = 5k \pm 1$ 或者 $n = 5k \pm 2$，类似地，可以得到证明。

（7）如果素数 p 能整除 n，但 p 的平方不能整除 n，则 n 不是完全平方数。完全平方数分解质因数后，每个质因数的个数必然是偶数，所以如果 p 是质因数之一，则其个数必然大于等于 2。

（8）一个大于 1 的正整数 n 是完全平方数的充分必要条件是 n 有奇数个因数（包括 1 和 n 本身）。设 n 分解质因数后得到 k 个不同的质因数，每个质因数 p_i 分别有 a_i 个（i 表示质因数的序号），如果 n 为完全平方数，则 a_i 都为偶数，同时 n 的因数的总个数为 $\prod_{i=1}^{k}(1 + a_i)$，所以它一定是奇数。

我们已经知道，由自然数构成的勾股数有无限多组，但连续 3 个自然数构成的勾股数有多少组呢？答案很简单，只有 1 组。

简单地设 3 个连续自然数为 $a-1$、a 和 $a+1$，根据 $(a-1)^2 + a^2 = (a+1)^2$，可以得到 $a^2 = 4a$，即在自然数中，只有 3、4、5 这一组连续勾股数。

如果把这个问题扩大到 5 个连续自然数的平方数，其中前 3 个数的平方和等于后 2 个数的平方和，即 $(a-2)^2 + (a-1)^2 + a^2 = (a+1)^2 + (a+2)^2$，有解吗？

因为它仍然是一个一元二次方程，我们可以简单求解得到 $a^2 = 12a$，即在自然数中，只有 10、11、12、13 和 14 这一组解，$10^2 + 11^2 + 12^2 = 13^2 + 14^2$。

如果再扩大到 7 个连续自然数的平方数呢？相应地，我们可以得到 $21^2 + 22^2 + 23^2 + 24^2 = 25^2 + 26^2 + 27^2$。

因此，可以自然地联想到，对于 $2k+1$ 个连续自然数，如果前 $k+1$ 个自然数的平方和等于后 k 个自然数的平方和，那么有且只有一个解，即 $2k^2 + k$，$2k^2 + k + 1$，$2k^2 + k + 2$，$\cdots$，$2k^2 + 3k$ 一组连续自然数。具体的证明过程就交给有兴趣的读者朋友吧。

下面考虑一个有趣的问题：$n > 1$，$n!$ 是否是一个完全平方数？我们可以实验性地列出前 10 个自然数的阶乘的质因数分解：

$2! = 2$

$3! = 2 \times 3$

$4! = 2^3 \times 3$

$5! = 2^3 \times 3 \times 5$

$6! = 2^4 \times 3^2 \times 5$

$7! = 2^4 \times 3^2 \times 5 \times 7$

$8! = 2^7 \times 3^2 \times 5 \times 7$

$9! = 2^7 \times 3^4 \times 5 \times 7$

$10! = 2^8 \times 3^4 \times 5^2 \times 7$

可以观察到最大质因数的个数始终等于 1；而且进一步可以发现，所有满足条件 $p > \dfrac{n}{2}$ 的质因数，其个数也是 1。按照上述完全平方数的性质 7，完全平方数的每一个质因数的个数应该都是偶数。因此，可以推测 $n!$ 不可能是一个完全平方数。

事实上，根据素数定理，当 n 是偶数时，$\dfrac{n}{2}$ 和 n 之间至少有一个素数 p；当 n 是奇数时，$\dfrac{n+1}{2}$ 和 $n+1$ 之间至少有一个素数 p。因为 $p < n$，所以 p 一定是 $n!$

的质因数；同时 $p \geq 2$，$p^2 \geq 2p > n$，所以 p^2 一定不是 $n!$ 的质因数，由此可知 $n!$ 中 p 的个数为 1。所以对于 $n > 1$，$n!$ 一定不是一个完全平方数。

别看这个问题简单，在 2019 年的国际数学奥林匹克竞赛（International Mathematical Olympiad, IMO）中就出现了它的身影，也就是那届比赛的第 4 题：求所有的正整数对 (k, n)，满足 $k! = (2^n - 1)(2^n - 2)(2^n - 4) \cdots (2^n - 2^{n-1})$。

类似地，先实验性地写出 n 等于前几个正整数时的等式的右边。

$n = 1$ 时，等式的右边为 1。

$n = 2$ 时，等式的右边为 3×2。

$n = 3$ 时，等式的右边为 $7 \times 6 \times 4$。

$n = 4$ 时，等式的右边为 $15 \times 14 \times 12 \times 8$。

$n = 5$ 时，等式的右边为 $31 \times 30 \times 28 \times 24 \times 16$。

……

可以很容易发现 $1! = 1$，$3! = 3 \times 2$，$(1,1)$ 和 $(3,2)$ 是两个符合题意的特定解。

还有没有其他的解呢？

先看等式左边。等式左边是 k 的阶乘，如果对它进行质因数分解，因数 2 的指数是多少呢？显然，在连续 k 个正整数中，每 2 个数就有一个偶数，每 4 个数就有一个 4 的倍数，每 8 个数就有一个 8 的倍数……同时，一个 4 的倍数带来 2 个因数 2，一个 8 的倍数带来 3 个因数 2……

所以，$k!$ 质因数分解后因数 2 的指数，即 $k!$ 中因数 2 的个数 $F_{k,2} = \left\lfloor \dfrac{k}{2} \right\rfloor + \left\lfloor \dfrac{k}{4} \right\rfloor + \left\lfloor \dfrac{k}{8} \right\rfloor + \cdots + \left\lfloor \dfrac{k}{2^l} \right\rfloor$，其中 l 是使得 $2^l \leq k$ 的最大正整数，符号 $\lfloor x \rfloor$ 表示不大于 x 的最大整数，即向下取整。

同样，$k!$ 质因数分解后因数 3 的指数 $F_{k,3} = \left\lfloor \dfrac{k}{3} \right\rfloor + \left\lfloor \dfrac{k}{9} \right\rfloor + \left\lfloor \dfrac{k}{27} \right\rfloor + \cdots + \left\lfloor \dfrac{k}{3^m} \right\rfloor$，其中 m 是使得 $3^m \leq k$ 的最大正整数。

这样的公式通常被用来计算自然数阶乘的质因数分解中某个素数的指数，它也被称为**勒让德定理**（又称勒让德尔定理）。

设 R_k 为等式左边因数 2 的指数与因数 3 的指数之比，即 $R_k = \dfrac{F_{k,2}}{F_{k,3}}$。根据向下取整符号的定义，一定有 $\lfloor x \rfloor \leq x$，所以

$$F_{k,2} = \left\lfloor \frac{k}{2} \right\rfloor + \left\lfloor \frac{k}{4} \right\rfloor + \left\lfloor \frac{k}{8} \right\rfloor + \cdots + \left\lfloor \frac{k}{2^l} \right\rfloor \leq \frac{k}{2} + \frac{k}{4} + \frac{k}{8} + \cdots + \frac{k}{2^l}$$

$$= k\left(1 - \frac{1}{2^l}\right) < k \tag{1.2.1}$$

再看看因数 3 的指数，$F_{k,3} = \lfloor \frac{k}{3} \rfloor + \lfloor \frac{k}{9} \rfloor + \lfloor \frac{k}{27} \rfloor + \cdots + \lfloor \frac{k}{3^m} \rfloor$。当 $k \geq 9$ 时，式中 $\lfloor \frac{k}{9} \rfloor \geq 1$，所以 $F_{k,3} \geq \lfloor \frac{k}{3} \rfloor + 1$。又根据向下取整符号的定义，$\lfloor \frac{k}{3} \rfloor \leq \frac{k}{3} < \lfloor \frac{k}{3} \rfloor + 1$，所以有

$$F_{k,3} > \frac{k}{3} \tag{1.2.2}$$

因此，对于 $k \geq 9$，结合式（1.2.1）和式（1.2.2）可以得到

$$R_k = \frac{F_{k,2}}{F_{k,3}} < \frac{k}{\frac{k}{3}} = 3 \tag{1.2.3}$$

再手算看一下 $2 < k < 9$ 时的情况，容易发现 $k = 8$ 时 $R_k = 3.5$，取到最大值。因此结合式（1.2.3）可以得到，对于所有 $k > 2$ 的情况，

$$R_k \leq \frac{7}{2} \tag{1.2.4}$$

现在来看等式的右边，我们将它变形一下：

$$(2^n - 1)(2^n - 2) \cdots (2^n - 2^{n-1}) = \prod_{i=1}^{n} (2^n - 2^{n-i})$$

$$= \prod_{i=1}^{n} [2^{n-i}(2^i - 1)]$$

$$= 2^{\frac{n(n-1)}{2}} \prod_{i=1}^{n} (2^i - 1)$$

类似地，设 $F_{n,2}$ 和 $F_{n,3}$ 分别为等式右边质因数分解后因数 2 和因数 3 的指数，设 R_n 为两者之比，即 $R_n = \frac{F_{n,2}}{F_{n,3}}$。

这样，

$$F_{n,2} = \frac{n(n-1)}{2} \tag{1.2.5}$$

因数 3 则全部来自于 n 个奇数的连乘。

把之前的实验性结果按照这个式子改写一下。

$n = 1$ 时，等式的右边为 $2^0 \times 1$。

$n = 2$ 时，等式的右边为 $2^1 \times 3 \times 1$。

$n = 3$ 时，等式的右边为 $2^3 \times 7 \times 3 \times 1$。

$n = 4$ 时，等式的右边为 $2^6 \times 15 \times 7 \times 3 \times 1$。

$n = 5$ 时，等式的右边为 $2^{10} \times 31 \times 15 \times 7 \times 3 \times 1$。

……

观察以上连乘式中的奇数，可以发现当且仅当 n 为偶数时，连乘式中最大的一个奇数 $2^n - 1$ 是 3 的倍数。证明如下。

当 n 为奇数时，设 $n = 2p - 1$，p 为正整数，那么

$$2^n - 1 = 2^{2p-1} - 1 = 2 \times 2^{2(p-1)} - 1 = 2 \times 4^{p-1} - 1 = 2 \times (3+1)^{p-1} - 1$$

根据二项展开式，$(3+1)^{p-1} \equiv 1 \pmod 3$，所以 $2^n - 1 \equiv 2 - 1 = 1 \pmod 3$，这个奇数不能被 3 整除，对连乘公式中因数 3 的个数没有贡献。

当 n 为偶数时，设 $n = 2p$，p 为正整数，那么

$$2^n - 1 = 2^{2p} - 1 = 4^p - 1 = (3+1)^p - 1$$

二项式展开后可以得到

$$2^n - 1 = 3^p + p \cdot 3^{p-1} + \cdots + \frac{p(p-1)}{2} \cdot 3^2 + p \cdot 3 + 1 - 1$$

$$= 3^p + 3^{p-1} p + \cdots + 9 \cdot \frac{p(p-1)}{2} + 3p$$

可见，$3 \mid (2^n - 1)$。更进一步，当 $3 \mid p$ 时，$9 \mid (2^n - 1)$；当 $9 \mid p$ 时，$27 \mid (2^n - 1)$……当 $3^q \mid p$ 时，$3^{q+1} \mid (2^n - 1)$。

因为 $n = 2p$，所以在等式右边 n 个奇数的连乘式中，从 1 开始，每 2 个数就有一个 3 的倍数，每 6 个数就有一个 9 的倍数，每 18 个数就有一个 27 的倍数……

类似地，根据勒让德定理，该连乘式中因数 3 的个数 $F_{n,3} = \lfloor \frac{n}{2} \rfloor + \lfloor \frac{n}{6} \rfloor + \lfloor \frac{n}{18} \rfloor + \cdots + \lfloor \frac{n}{2 \times 3^q} \rfloor$，其中 q 是使得 $2 \times 3^q \leq n$ 的最大正整数。

再一次根据向下取整符号的定义，$F_{n,3} \leq \frac{n}{2} + \frac{n}{6} + \frac{n}{18} + \cdots + \frac{n}{2 \times 3^q}$。根据等比数列求和公式，首项为 $\frac{n}{2}$，公比为 $\frac{1}{3}$，得到

$$F_{n,3} \leq \frac{n}{2} \cdot \frac{1 - \left(\frac{1}{3}\right)^{q+1}}{1 - \frac{1}{3}} < \frac{n}{2} \cdot \frac{1}{1 - \frac{1}{3}} = \frac{3}{4} n$$

结合式（1.2.5），得到

$$R_n = \frac{F_{n,2}}{F_{n,3}} > \frac{2(n-1)}{3} \tag{1.2.6}$$

对于任意满足题意的 (k, n)，等式两边因数 2 的指数和因数 3 的指数应该分别

相等，那么等式两边两个因数指数之比也应该相等，即 $R_k = R_n$。结合式（1.2.4）和式（1.2.6）得到，对于任意 $k > 2$，$\frac{2(n-1)}{3} < R_n = R_k \leqslant \frac{7}{2}$，$n < \frac{21}{4}$，即 $n \leqslant 5$。

经验证，$n = 3$、4 或 5 都不是解，所以 $(1,1)$ 和 $(3,2)$ 是符合题意的仅有的两组解。

彩蛋问题

因为 2020 年的诸多不如意，有人非常怀念 2019 年，他想找到两个自然数 m 和 n，使得 $m^3 + n^3 = 20192019\cdots2019$（共 2020 个 2019）。请问，他的愿望能够实现吗？

本节术语

完全平方数：可以写成某个整数的平方的数，或者其平方根为整数的数，被称为完全平方数。

勒让德定理：n 为正整数，对其阶乘 $n!$ 进行质因数分解，则素数 p 的指数 $L_p = \sum \lfloor \frac{n}{p^k} \rfloor$，$k$ 为正整数。

1.3 麦当劳的大奖

"God gave him his boyhood one-sixth of his life, One-twelfth more as youth while whiskers grew rife; And then yet one-seventh ere marriage begun; In five years there came a bouncing new son. Alas, the dear child of master and sage. After attaining half the measure of his father's life chill fate took him. After consoling his fate by the science of numbers for four years, he ended his life ."

—Diophantus' riddle

"上帝给予他的童年占了生命的六分之一。再过了生命的十二分之一，青年的胡须越来越浓密；然后又过了生命的七分之一，他结婚了。婚后五年，他迎来了一个健康的儿子。唉，大师和贤哲的宝贝孩子，仅仅过了他父亲生命一半的时间，凄苦的命运就带走了他。靠数字的科学慰藉着自己的命运，四年之后，丢番图的生命也到了尽头。"

——丢番图的谜题

美国布法罗大学的数学教授斯蒂芬·卡维奥尔（Stephen Cavior）是个风趣的老头，他曾经在课堂上讲过一个有趣的故事。

在一个美好的周日早晨，卡维奥尔像往常一样端起一杯新煮好的咖啡，准备开始读书。这个时候他接到一位朋友的电话，朋友请他帮忙解决一个数学问题，这个问题已经困扰她好几天了；更令人兴奋的是，第一个得出答案的人可以获得由麦当劳设立的价值100万美元的大奖。

这个大奖的题目是这样的：请给 3, 48, 6, 21, 33, 18, 36, 12, 60 乘整数系数，使得它们的和为100。

卡维奥尔看到最后一个数字时笑了。他告诉他的朋友，不要再枉费时间，因为这个题目无解。

这是一个在课堂上讲述的故事，其真实性当然不可考。作为题目来说，这个麦当劳"大骗局"并不难破解：我们注意到那一堆数字全都是 3 的倍数，所以无论使用哪些整数系数，它们的和仍然将是一个 3 的倍数，而 100 并不是 3 的倍数，所以两者不可能相等。

如果我们把其中的一个数换成不是 3 的倍数，比如把 33 换成 32，那么这个"免费大汉堡"是不是可能从天而降呢？答案显然是存在的，而且不止一个，例如 $2 \times 36 + 1 \times 60 + (-1) \times 32 = 100$，或者 $6 \times 21 + 1 \times 6 + (-1) \times 32 = 100$。

当然，数学中类似的问题可比麦当劳的大奖要难得多，比如下面这道关于砝码的题目。

有 13 克和 17 克的砝码若干，使用这些砝码不能称得的最大整数质量是多少克？

我们先约定，砝码只能放在一侧，货物放在另一侧，即砝码之间只能相加不能相减，否则此题无解（理由在后面给出）。从直觉上来说，一些比较小的整数质量很显然是无法通过砝码的组合得到的，比如 2 克、15 克等，这道题的目标就是找到这一类整数质量中最大的一个。

用数学语言来表述，就是对于非负整数 x、y 和 n，试求出 n 的最大值，使得方程 $13x + 17y = n$ 无解。

可以看出，砝码问题和麦当劳"大骗局"属于同一类问题，它们都是求解**线性不定方程**，即未知数的个数多于方程数（在这两个例子中，都只有 1 个方程），未知数的最高幂为 1（即方程为线性）。一般来说，线性不定方程有无数多个解，但在系数和未知数都是整数的情况下，不定方程可能有确定的解，也可能无解。**这一类未知数和系数都是整数的不定方程，在数学上又被称为丢番图方程**（Diophantine equation）。

丢番图是古希腊时期的数学家，生活在约公元 200—300 年，大约相当于我国的三国时期。丢番图生卒年份不详，出生地不详，"国籍"也不详，古籍中称呼他是"亚历山大港的丢番图"，是因为他成年之后住在埃及的亚历山大港，他的研究工作主要是在那里完成的。丢番图被认为是"代数之父"，《算术》被认为是他的著作。

我们从最简单的情况来研究丢番图方程，考虑在只有两个未知数 x 和 y 以及 1 个线性方程的情况下，什么时候这个方程有解，什么时候没有解。以下，我们说方程有解和无解，都特指有无整数解。

从上述麦当劳的例子我们能看出来，当丢番图方程等号左边的系数中存在某个最大公因数，而方程另一边的常数不能被这个公因数整除时，这个方程无解。比如方程 $12x + 18y = 100$，等号左边系数的最大公因数为 6，而 100 不能被 6 整除，所以方程无解。

如果方程等号右边的常数都可以被这个公因数整除，那么我们将方程的两边分别除以这个公因数，比如

$$12x + 18y = 90 \tag{1.3.1}$$

将方程两边同时除以 6 得到

$$2x + 3y = 15 \tag{1.3.2}$$

显然，方程（1.3.2）和方程（1.3.1）是等价的。

再进一步，如果我们把方程右边的得数人为地改为 1，即

$$2x + 3y = 1 \tag{1.3.3}$$

如果方程（1.3.3）有某个解，比如 (2,-1)，把这个解乘 15，就可以得到方程（1.3.2）相应的一个解 (30,-15)，这个解同样也是方程（1.3.1）的解。

因此，我们的问题就简化为：当系数 a 和 b 互质时，$ax + by = 1$ 有没有解？

在数论中，贝祖定理（Bézout's lemma，又称裴蜀定理）给出了这个问题的答案，即当且仅当整数 a 和 b 互质时，方程 $ax + by = 1$ 有整数解。

下面，我们尝试证明这个定理。以方程（1.3.3）为例，进行一下变形：

$$2x + 3y = 1$$

$$2(x + y) + y = 1 \tag{1.3.4}$$

注意，变形后的方程（1.3.4）仍然是一个丢番图方程，只不过其未知数 $x + y$ 和 y 是方程（1.3.3）的未知数 x 和 y 的线性组合，同时方程（1.3.4）的两个系数中有一个变成了 1。

这时，我们令系数为 1 的未知数等于 1，另一个系数的未知数等于 0，即

$$\begin{cases} y = 1 \\ x + y = 0 \end{cases} \tag{1.3.5}$$

那么不论另一个系数是多少，方程（1.3.4）都将恒等。

从方程组（1.3.5）解得 $x = -1$，$y = 1$，易知 (-1, 1) 确实是方程（1.3.3）的一个解，而且是一个不同于前面得到的 (2 ,-1) 的解。

我们再看一个复杂一些的例子，$6x + 35y = 1$，其中 6 和 35 互质，变形如下：

$$6x + 35y = 1$$

$$6(x + 5y) + 5y = 1$$

$$(x + 5y) + 5[y + (x + 5y)] = 1 \qquad (1.3.6)$$

方程（1.3.6）的两个线性组合后的未知数为 $x + 5y$ 和 $y + (x + 5y)$，其系数分别为 1 和 5。令 $\begin{cases} x + 5y = 1 \\ y + (x + 5y) = 0 \end{cases}$，解方程组得到 $x = 6$，$y = -1$，易知 $(6, -1)$ 是原方程的一个解。

这个变形过程是不是有些眼熟？如果只写出系数，这个变形过程就是两个整数辗转相除求公因数的过程。而我们知道，互质整数的公因数是 1，所以在变形过程的最后，我们一定能得到一个未知数的系数为 1，令这个线性组合后的未知数等于 1，另一个线性组合后的未知数等于 0，方程就能恒等。

一般来说，二元一次方程组一定有解，除非两个方程的斜率相同而截距不同，相当于两条直线在二维平面上平行不相交。

在我们这个问题中，这两个方程的斜率必定不同。如果斜率相同，假设变形后的方程为 $(k \cdot c \cdot x + c \cdot y) + m(k \cdot d \cdot x + d \cdot y) = 1$，其中第一个未知数的系数为 1，第二个未知数的系数为 m；c 和 d 都为整数，两个线性组合中 x、y 的斜率同为 k。现在把圆括号拆开，分别合并 x 和 y 的同类项，将得到 $k(c + md)x + (c + md)y = 1$，即原方程的两个系数都有整数因子 $(c + md)$，这与两个系数互质的前提条件相矛盾。

综上所述，贝祖定理得证。

再进一步，如果 $ax + by = 1$ 有一个解 (x_0, y_0)，那么

$$ax_0 + by_0 = 1$$

$$ax_0 + ab + by_0 - ab = 1$$

$$a(x_0 + b) + b(y_0 - a) = 1$$

即 $(x_0 + b, y_0 - a)$ 也是方程的一个解。同理可得：

对于任一整数 m，$(x_0 + mb, y_0 - ma)$ 都是方程的解。 （定理 1.3.1）

如果 a 和 b 互质，那么方程 $ax + by = 1$ 一定有解，对任一整数 n 来说，方程 $ax + by = n$ 也一定有解。换句话说，可以使用不同的整数组合 (x, y)，使得 $ax + by$ 的值域覆盖整个整数集合。

现在，让我们回到砝码问题。

因为 13 和 17 互质，对任一整数 n 来说，方程 $13x + 17y = n$ 都有整数解。所以，

我们需要限定砝码只能放在天平的同一侧，即只考虑 $13x + 17y = n$ 的非负整数解。换句话说，砝码问题中的线性方程是一种特殊的丢番图方程，它要求解为非负整数。

我们先找到 $13x + 17y = 1$ 的一个可行的整数解（可正可负）。通过上述的辗转相除法变形，得到

$$13x + 17y = 1$$
$$13(x + y) + 4y = 1$$
$$(x + y) + 4[y + 3(x + y)] = 1$$

令 $\begin{cases} x + y = 1 \\ y + 3(x + y) = 0 \end{cases}$ ，解方程组得到 $x = 4$，$y = -3$。

因此对于 $13x + 17y = n$，$(4n，-3n)$ 是方程的一个解。根据定理 1.3.1，对于任一整数 m，$(4n + 17m，-3n - 13m)$ 都是方程 $13x + 17y = n$ 的整数解。

现在我们对 x 和 y 加上非负的要求，即 $4n + 17m \geqslant 0$，且 $-3n - 13m \geqslant 0$，整理后得到

$-\dfrac{4}{17}n \leqslant m \leqslant -\dfrac{3}{13}n$，或者 m 的取值闭区间为 $[-\dfrac{4}{17}n，-\dfrac{3}{13}n]$。

我们看到，当 $n = 13 \times 17$ 时，m 取值的闭区间为 $[-52，-51]$。所以当 n 足够大，且不小于 13×17 时，$[-\dfrac{4}{17}n，-\dfrac{3}{13}n]$ 这个闭区间的长度大于等于 1，区间中一定存在整数 m。所以符合题意要求的 n 一定小于 13×17。那么 $13 \times 17 - 1 = 220$ 是不是砝码问题的正确答案呢？

当 $n < 13 \times 17$ 时，尽管闭区间长度小于 1，但如果该区间跨越某个整数，此时仍可以取到整数 m，例如 $n = 220$ 时，闭区间大约为 $[-51.765，-50.769]$，此时 m 仍可以取 -51，相应的 x 和 y 分别为 13 和 3，即 $13 \times 13 + 3 \times 17 = 220$。所以 220 不是砝码问题的正确答案，正确的 n 比 $13 \times 17 - 1$ 还要小。

那么，这个 13×17 是不是没有其他任何价值了呢？并不是。考虑

$$13x + 17y = 13 \times 17 \tag{1.3.7}$$

显然 $(0, 13)$ 和 $(17, 0)$ 是它的两组非负整数解。但它有没有严格的正整数解呢？不难发现，当 y 不为 0 时，x 一定要能被 17 整除，能被 17 整除的最小正整数为 17，而 $x \geqslant 17$ 时，$17y = 13 \times 17 - 13x \leqslant 0$，$y$ 已经不可能为正整数，因此方程（1.3.7）没有正整数解。

再来考虑这样一个方程：

$$13(x + 1) + 17(y + 1) = 13 \times 17 \tag{1.3.8}$$

课堂上来不及思考的数学 2：挑战思维极限

因为方程（1.3.7）没有正整数解，所以方程（1.3.8）没有非负整数解。将方程（1.3.8）整理一下，得到 $13x + 17y = 13 \times 17 - 13 - 17$，所以当 $n = 13 \times 17 - 13 - 17$ 时，方程 $13x + 17y = n$ 没有非负整数解。

对于任意 $13 \times 17 > n > 13 \times 17 - 13 - 17$，如果有 $13x + 17y = n$，显然 $x \leqslant 16$，同时，$17y = n - 13x > 13 \times 17 - 13 - 17 - 13x \geqslant 13 \times 17 - 13 - 17 - 13 \times 16 = -17$，即 $y > -1$，方程存在非负整数解。

因此，当 $n \geqslant 13 \times 17 - 13 - 17 + 1 = (13 - 1) \times (17 - 1)$ 时，$13x + 17y = n$ 始终有非负整数解。当 $n = 13 \times 17 - 13 - 17$，即 $n = 191$ 时，$13x + 17y = n$ 没有非负整数解。所以，使得方程 $13x + 17y = n$ 无非负整数解的 n 的最大值为 191。

如图 1.3.1 所示，在二维平面上画出代表 $13x + 17y = 191$、$13x + 17y = 192$ 和 $13x + 17y = 193$ 的 3 条直线。

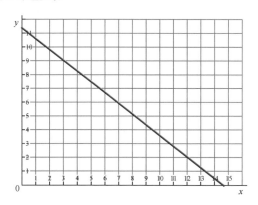

图 1.3.1　线性方程 $13x + 17y = 191$（黑线）、$13x + 17y = 192$（红线）和 $13x + 17y = 193$（蓝线）

局部放大后（图 1.3.2）我们可以发现，红线穿过点 $(3,9)$，即 $(3,9)$ 是方程 $13x + 17y = 192$ 的一个非负整数解。

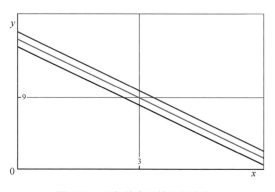

图 1.3.2　局部放大后的 3 条直线

在另一个局部（图 1.3.3），蓝线穿过点 (7,6)，即 (7,6) 是方程 $13x + 17y = 193$ 的一个非负整数解。

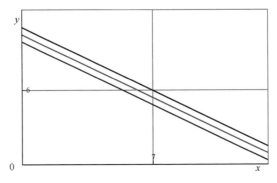

图 1.3.3　另一个局部放大后的 3 条直线

因此，191 是使得方程 $13x + 17y = n$ 无非负整数解的 n 的最大值。

如果丢番图方程中的未知数具有更高次的幂，那么我们就能得到非线性的整数方程。

当直角三角形的 3 条边都是整数时，得到的勾股数就是二次方程的一组整数解，比如，我们熟知的 (3,4,5)、(5,12,13) 就是二次方程 $a^2 + b^2 = c^2$ 的两组整数解。一个有意思的问题是，除了那些有倍数关系的勾股数以外，比如 (3,4,5) 和 (6,8,10)，勾股数是不是有无穷多组呢？

我们观察最初的几组勾股数 (3,4,5)、(5,12,13)、(7,24,25)，可以发现，a 是奇数，而 b 和 c 之间只相差 1。如果把勾股定理的方程变动一下：

$$a^2 + b^2 = c^2$$
$$a^2 = c^2 - b^2 = (c + b) \cdot (c - b)$$

可见，只要 c 比 b 大 1，c 和 b 的和是一个完全平方数，那么我们就能得到一组勾股数。这个条件实在是太容易满足了！不妨设奇数 $a = 2k + 1$，其中 k 为任意正整数，那么

$$a^2 = 4k^2 + 4k + 1$$

令 $c + b = 4k^2 + 4k + 1$，同时 $c - b = 1$，解得 $c = 2k^2 + 2k + 1$，$b = 2k^2 + 2k$。

因此对于任意正整数 k，$(2k + 1, 2k^2 + 2k, 2k^2 + 2k + 1)$ 都是一组勾股数。所以，非倍数的勾股数有无穷多组，即二次方程 $a^2 + b^2 = c^2$ 有无数多个整数解。

我们会很自然地产生疑问，当整数方程未知数的幂 n 大于 2 时，方程 $a^n + b^n = c^n$ 有没有正整数解呢？

这就是著名的费马大定理中的问题！

费马大定理由 17 世纪法国数学家皮埃尔·德·费马（Pierre de Fermat）提出，他猜想当整数 $n > 2$ 时，上述关于 a、b 和 c 的不定方程没有正整数解。1637 年，费马在阅读丢番图的《算术》一书时，在书的页边空白处写下了这个猜想，并表示自己已经找到了证明这个猜想的一种精妙的方法，可惜这里的空白处太小，无法写下。

费马没有留下证明，但是他的这个数学形式极其简洁的定理激发了许多数学家的兴趣，从 17 世纪到 20 世纪，无数人试图证明这个猜想。1900 年，德国数学家达维德·希尔伯特（David Hilbert，又译为大卫·希尔伯特）在第二届国际数学家大会上总结了当时悬而未决的 23 个著名数学问题，在谈到他为什么不去尝试证明费马猜想时，希尔伯特说："我没有那么多时间浪费在一件可能会失败的事情上。"由此可以证明费马猜想的解决难度。直到 1995 年，费马猜想才被英国数学家安德鲁·约翰·怀尔斯（Andrew John Wiles）得以完全证明，费马猜想正式转变为费马大定理。

在课本中有不少与非负线性丢番图方程相关的实例，比如我们去寄信，邮票面值有 8 分、1 角 5 分两种，信件的邮资是 7 角，我们该如何支付足够的邮资又不浪费呢？（都什么年代了，现在哪有这么便宜的邮票和邮资？！）又比如警察叔叔手中有 n 个不同面值的硬币，一共价值 m 元，问各种硬币各有几个？（小朋友们知道拾金不昧就行啦，费这个劲儿干什么呢！）

这些实例看似应用价值不大，但丢番图方程在其他学科和现实生活中有着广泛而重要的应用。

比如，线性规划是运筹学的一个重要分支，它广泛地应用于工农业、商业、交通运输、军事、经济和管理决策领域，是现代科学管理的重要手段之一。线性规划中的数学模型一般都是可以表示为一组约束条件［即由变量组成的线性不等式（或者方程）组］，以及一个目标函数（即由各变量组成的一个线性函数）。在加入额外的松弛变量和剩余变量之后，线性不等式可以转化为线性方程。这些额外变量的加入使得变量的数量往往要多于不等式的数量，此时线性规划问题就转化为一个在线性不定方程组约束条件下对线性目标函数求最值的最优问题。使用丢番图方程和贝祖定理对线性不定方程组进行求解，是解决这类最优化问题的基础。

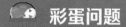

彩蛋问题

丢番图究竟活了多少岁呢?

本节术语

丢番图方程: 系数和解都为整数的多项式方程（组），其方程数少于变量数，又被称为整系数不定方程（组）。

贝祖定理: 关于变量 x 和 y 的线性丢番图方程 $ax + by = m$，其存在整数解的充分必要条件为 m 是系数 a 和 b 的最大公约数 d 的倍数。特别地，当且仅当系数 a 和 b 互质时，方程 $ax + by = 1$ 存在整数解。

勾股数: 当直角三角形的直角边 a、b 和斜边 c 都是整数时，(a,b,c) 被称为勾股数。勾股数即二次方程 $a^2 + b^2 = c^2$ 的整数解。

费马大定理: 当整数 $n > 2$ 时，方程 $a^n + b^n = c^n$ 没有正整数解。

1.4 多多益善的将军

"三人同行七十稀，五树梅花廿一支，七子团圆正半月，除百零五便得知。"

——程大位，《算法统宗》

"汉初三杰"之一的韩信是淮阴人，最开始跟着项梁、项羽叔侄打江山，足智多谋的他曾多次向项羽献计却始终没有被采纳，郁郁不得志之下他转而投奔了刘邦。不过，"跳槽"到一个新"公司"重新开始职业生涯谈何容易？更何况刘邦信任的是他的"沛县帮"，那些在他当亭长时就在一起厮混的兄弟伙。所以尽管在多次交谈中，韩信逐渐为"沛县帮师爷"萧何所赏识，却一直没有得到刘邦的青睐和重用。

思来想去，韩信决定再次"跳槽"。萧何是个惜才的人，觉得韩信走了对刘邦来说是一个无法弥补的损失，所以他连夜追回了韩信。刘邦听说了这回事，不免责怪萧何："公司每年都有高管离职，没见你追；一个业绩平平的小职员跑了，你倒是这么紧张！"萧何回答说："老板你不知道啊，像韩信这样的人才，失去了一个，天下就不会再出现第二个了。"

在萧何的极力推荐下，刘邦勉强同意让韩信做一个将军。将军这个头衔并不高，手下满员也就1200名士兵。在一次作战中，作为接应的韩信部队在紧要关头顶住了敌军主力的反扑，以100多名士兵伤亡的微弱代价换取了最后的胜利。捷报传来，刘邦亲自在军营门口迎接韩信，并问起具体伤亡了多少人。

只见韩信令旗一挥，士兵们以3人一排列队，队尾多出2人；又以5人一排列队，队尾多出4人；再以7人一排列队，队尾多出3人。韩信沉吟片刻，回答说："参与列队的共有1004名士兵，本次战斗伤亡196人。"刘邦很惊讶，派人细细数了一遍，队中果然尚有1004名士兵。

心中佩服之下，刘邦拉着韩信的手说："我之前低估了你啊，区区1200人绝对是委屈了你的才干，你觉得我可以把多少士兵交给你？"韩信脱口而出："自然是越多越好，多多益善嘛！"刘邦反问："那你觉得我可以带多少兵？"韩信说："最多10万吧。"刘邦不高兴地说："这意思就是我的能力不如你？"韩信回答：

"不，我最多是个善于带兵的将军，而老板你才是善于统帅将军的人啊。"

最终，韩信成了刘邦手下的名将，为西汉王朝立下了汗马功劳。最终帮助韩信取得刘邦信任的无疑是他的军事才能，而不是上述逸事中近乎奉承的回答或者超人的数学天赋。

假定在以上故事中的一类问题被称为一元线性同余方程组问题。**用除数除未知数得到余数，如果除数和余数已知，求未知数，这类方程被称为线性同余方程；如果只有一个未知数，有多个已知除数和余数，那么这一组方程就被称为一元线性同余方程组。**

在"韩信点兵"的故事中，士兵人数是未知数 x，除数分别为 3、5 和 7，余数分别为 2、4 和 3，所以得到的方程组为

$$\begin{cases} x \equiv 2 \pmod 3 \\ x \equiv 4 \pmod 5 \\ x \equiv 3 \pmod 7 \end{cases}$$

一般地，这类方程组有多个解。加入约束条件"原有士兵 1200 人，伤亡 100 多人"，即 x 的范围为 $1000 \sim 1100$，那么可以得到确定解 1004。

一元线性同余方程组其实很常见。在小学学习公倍数的时候，习题中就有一元线性同余方程组的影子。比如：有一堆糖，数量为 $50 \sim 100$，5 颗装一袋正好装完，7 颗装一袋也正好装完，问一共有多少颗糖。这是比较简单的公倍数问题，5 和 7 的最小公倍数为 35，糖的数量为 $50 \sim 100$，所以一共有 70 颗糖。

加上余数，这道题就成为一元线性同余方程组问题，比如：5 颗装一袋最后剩 2 颗，7 颗装一袋最后也剩 2 颗。当余数相同时，这个问题仍然比较简单，只需求得符合题意的 5 和 7 的公倍数，再加上余数即可，即 $5 \times 7 \times 2 + 2 = 72$ 颗糖。

再加一个条件：如果 4 颗装一袋最后剩 3 颗，5 颗装一袋最后剩 4 颗，6 颗装一袋最后剩 5 颗，怎么解题？这时候余数不同了，但注意到这些余数都是相应的除数减 1，等价于余 -1，因此还是利用类似余数相等的方法，求得（最小）公倍数 60，加上余数 -1，得到正确答案 59。

当余数不等时，类似于"韩信点兵"的情况，问题就复杂了。比如：有一堆糖，5 颗装一袋剩 3 颗，7 颗装一袋剩 2 颗，9 颗装一袋剩 7 颗，问一共有多少颗糖。这时，我们无法简单地通过求取公倍数的方法得到答案。

其实，古人在很早的时候就注意到了这一类一元线性同余方程组的问题。在

南北朝时期有一本数学专著——《孙子算经》，里面就记载了一个叫"物不知数"的问题。问题的表述是这样的：

今有物不知其数，三三数之剩二，五五数之剩三，七七数之剩二。问物几何？

这段文言文很容易理解，用数学语言来说就是：整数 x 用 3 除余 2，用 5 除余 3，用 7 除余 2，问 x 是多少。

古人对这个问题进行了研究，除了《孙子算经》里给出的解法以外，南宋数学家秦九韶和明代珠算家程大位都对这类问题进行了系统的研究，给出了详细的解答。这些解答要早于西方至少 300 多年，直到 19 世纪德国数学家高斯等人才提出类似的方法，《孙子算经》提出的解法也被西方称为"孙子剩余定理"（又称**中国剩余定理**）。

下面我们来看看，从简单的公倍数和同余性质入手，如何理解和解决一元线性同余方程组问题。

以"物不知数"问题为例，我们需要求得 x，使得

$$\begin{cases} x \equiv 2 \,(\text{mod } 3) \\ x \equiv 3 \,(\text{mod } 5) \\ x \equiv 2 \,(\text{mod } 7) \end{cases}$$

我们从最简单的情况开始考虑，假设只有除数为 3 和 5 的两个方程。对于第一个方程，我们可以简单写出对 3 模 2 的数，它们分别是

2,5,8,11,14,17,20,23,26,29,32,35,38,41,44,47,50,53,…

相邻的两个数间隔 3。再看看对 5 模 3 的数，它们分别是

3,8,13,18,23,28,33,38,43,48,53,…

相邻的两个数间隔 5。如果比较一下这两个数列，我们可以找出它们共同拥有的数字 8、23、38、53……这些数字既满足第一个方程，又满足第二个方程，所以它们就是方程组的解。同时，很容易发现解中相邻的两个数字间隔 15，是 3 和 5 的最小公倍数。

因此，这个方程组的解可以表示为 $x = 15k + 8$，k 是一个非负整数。在这种表示方法中，8 是一个基本解，也是最小正整数解，15 是 3 和 5 的最小公倍数，也是不同解之间的最小间隔。

现在考虑这个问题：如果把前两个方程组的解表示为一个余数方程，那么应该怎么写？$x = 15k + 8$ 可以理解成用 15 除 x 余 8，写出余数方程的话就是 $x \equiv 8(\text{mod } 15)$。因此，原有 3 个方程的方程组就等价于以下两个方程的方程组。

$$\begin{cases} x \equiv 8 \pmod{15} \\ x \equiv 2 \pmod{7} \end{cases}$$

类似地，我们分别写出符合两个余数方程的数列：

8,23,38,53,68,83,98,113,128,143,…

2,9,16,23,30,37,44,51,58,65,72,79,86,93,100,107,114,121,128,135,142,…

两个数列中都有的数字为 23、128……相邻的两个数字间隔 105，即 15 和 7 的最小公倍数。因此，"物不知数"问题的解可以表示为 $x = 105k + 23$，k 是一个非负整数。

在这个通解公式中，105 很好理解，也很容易求得，它是 3 个除数（3、5 和 7）的最小公倍数。那么除了列出所有的数字，有没有更加简单的方法求得最小正整数解 23 呢？

程大位在《算法统宗》中使用了歌诀"三人同行七十稀，五树梅花廿一支，七子团圆正半月，除百零五便得知"，其中每一句提到了一个数字，分别为 70、21、15 和 105。按照《孙子算经》和程大位给出的解法：分别用 70、21 和 15 乘 3 个方程的余数 2、3 和 2，加起来得到 233，233 就是方程组的一个基本解，方程组的通解也可以表示为 $x = 105k + 233$，k 为整数。我们寻找的最小正整数解 23 实际上就是 $k = -2$ 时的解。

现在问题就变成了：如何找到 70、21 和 15 这 3 个数？ 21 和 15 很好理解，分别是其他两个方程中除数的最小公倍数 3×7 和 3×5，如果按照这个规律，用在第一个方程上的数应该是 $5 \times 7 = 35$，可是为什么这里是 70 呢？

我们先将 21 和 15 分别用剩余的方程的除数取余，$21 \equiv 1 \pmod 5$，$15 \equiv 1 \pmod 7$。再将 5 和 7 的最小公倍数 35 用第一个方程的除数 3 取余，$35 \equiv 2 \pmod 3$；如果用 70 除以 3 取余，$70 \equiv 1 \pmod 3$。因此，孙子剩余定理的关键，就是要使得 3 个方程乘的系数对各自的除数取余都为 1，这也是秦九韶把这一算法称作"大衍求一术"的原因。

我们以不同余糖果分袋问题中的那组数字为例，解释孙子剩余定理的上述解题过程。

$$\begin{cases} x \equiv 3 \pmod 5 \\ x \equiv 2 \pmod 7 \\ x \equiv 7 \pmod 9 \end{cases}$$

第一个方程的系数应该是 7 和 9 的公倍数，因为 $63 \equiv 3 \pmod 5$，所以使用

$63 \times 2 = 126 \equiv 1(\mathrm{mod}\ 5)$。

第二个方程的系数应该是 5 和 9 的公倍数，因为 $45 \equiv 3(\mathrm{mod}\ 7)$，所以使用 $45 \times 5 = 225 \equiv 1(\mathrm{mod}\ 7)$。

第三个方程的系数应该是 5 和 7 的公倍数，因为 $35 \equiv 8(\mathrm{mod}\ 9)$，所以使用 $35 \times 8 = 280 \equiv 1(\mathrm{mod}\ 9)$。

然后进行计算，$126 \times 3 + 225 \times 2 + 280 \times 7 = 2788$，5、7 和 9 的最小公倍数为 315，$2788 \equiv 268(\mathrm{mod}\ 315)$，所以方程组解的通式为 $x = 315k + 268$，k 为一个非负整数，最小正整数解为 268。

对孙子剩余定理解法的证明也不难。在通式中，因为各个除数的最小公倍数能够被每个除数整除，所以 x 加上或者减去这个最小公倍数并不会影响单个余数方程的成立，因此只需证明通过系数相乘后相加得到的值是方程组的一个基本解即可。

设方程组为 $x \equiv r_i(\mathrm{mod}\ d_i)$，其中 d_i 为第 i 个方程的除数，r_i 为对应的余数。按照孙子剩余定理的方法，设系数 c_i 是除 d_i 以外其他除数的公倍数，且 $c_i \equiv 1(\mathrm{mod}\ d_i)$，将每个方程的余数乘系数后相加得到

$$x_0 = \sum_{i=1}^{n} c_i r_i$$

将 x_0 对第 j 个除数 d_j 取余，因为 c_j 与 d_j 互质，而其他的 c_i 可以被 d_j 整除，可知，

$$x_0 = \sum_{i=1}^{n} c_i r_i = c_j r_j + \sum_{i=1, i \neq j}^{n} c_i r_i \equiv r_j + \sum_{i=1, i \neq j}^{n} 0 = r_j \,(\mathrm{mod}\ d_j)$$

所以 x_0 是第 j 个余数方程 $x \equiv r_j(\mathrm{mod}\ d_j)$ 的一个解。因为这个结论对于任意一个 j 都成立，所以 x_0 也是整个方程组的一个基本解。

注意，我们在证明过程中用到了 c_j 与 d_j 互质，在以上提到的例子中，除数之间也确实两两互质。那么，如果除数之间存在公因数，这样的一元线性同余方程组又该如何求解呢?

同样，我们从最简单的情况开始分析。

设 $x \equiv r_1(\mathrm{mod}\ d_1)$ 和 $x \equiv r_2(\mathrm{mod}\ d_2)$，且 d_1 和 d_2 的最大公约数 $\gcd(d_1, d_2) = d > 1$，设 $d_1 = dp_1$，$d_2 = dp_2$，显然 p_1 和 p_2 互质。

令 $x = d_1 x_1 + r_1$，$x = d_2 x_2 + r_2$，可以得到

$$dp_1x_1 + r_1 = dp_2x_2 + r_2$$

即

$$d(p_1x_1 - p_2x_2) = r_2 - r_1$$

因为方程左边是 d 的倍数，所以右边 $r_2 - r_1$ 必须能够被 d 整除，否则方程无解。

因此，一般地，如果一元线性同余方程组的各个除数互质，那么同余方程组有解；如果存在不互质的除数对，且它们的余数之差能够被除数对的最大公约数整除，那么仍然有解，否则方程组无解。

比如，$x \equiv 2(\mathrm{mod}\ 4)$，$x \equiv 3(\mathrm{mod}\ 6)$，因为 $3-2$ 不能被 4 和 6 的最大公约数 2 整除，所以方程组无解。换一个角度，$x \equiv 2(\mathrm{mod}\ 4)$ 说明 x 是偶数；而 $x \equiv 3(\mathrm{mod}\ 6)$ 说明 x 是奇数，相互矛盾，所以方程组无解。

那么，如果 $r_2 - r_1$ 能够被 d 整除，该怎么求解呢？

设 d_1 和 d_2 的最小公倍数 $\mathrm{lcm}\ (d_1, d_2) = m = dp_1p_2$。同时，设 $x = k_1d_1 + r_1 + k_2m$，显然 x 满足余数方程 $x \equiv r_1(\mathrm{mod}\ d_1)$。

如果 x 也要满足余数方程 $x \equiv r_2(\mathrm{mod}\ d_2)$，只需 $k_1d_1 + r_1 \equiv r_2(\mathrm{mod}\ d_2)$。换句话说，只要我们能够找到某个整数 k_1，使得 $k_1d_1 + r_1 \equiv r_2(\mathrm{mod}\ d_2)$，那么就可以在同余方程组中用 $x \equiv k_1d_1 + r_1(\mathrm{mod}\ m)$ 取代原来的两个同余方程，继续求解。

出于对称性，如果能够找到某个整数 k_2，使得 $k_2d_2 + r_2 \equiv r_1(\mathrm{mod}\ d_1)$，那么也可以在同余方程组中用 $x \equiv k_2d_2 + r_2(\mathrm{mod}\ m)$ 取代原来的两个同余方程，两个方程是等价的。

我们以余数为 -1 的糖果分袋题目为例，看看如何通过上述方法求解。原方程组为

$$\begin{cases} x \equiv 3\,(\mathrm{mod}\ 4) \\ x \equiv 4\,(\mathrm{mod}\ 5) \\ x \equiv 5\,(\mathrm{mod}\ 6) \end{cases}$$

第一个方程的除数 4 和第三个方程的除数 6 不互质，4 和 6 的最小公倍数 m 为 12。

我们求解 $k_1d_1 + r_1 \equiv r_2(\mathrm{mod}\ d_2)$，即 $4k_1 + 3 \equiv 5(\mathrm{mod}\ 6)$，$4k_1 \equiv 2(\mathrm{mod}\ 6)$，易知 $k_1 = 2$ 是一个解，所以构造出来的新的同余方程为 $x \equiv 4 \times 2 + 3 = 11(\mathrm{mod}\ 12)$。

或者，求解 $k_2d_2 + r_2 \equiv r_1(\mathrm{mod}\ d_1)$，即 $6k_2 + 5 \equiv 3(\mathrm{mod}\ 4)$，$6k_2 \equiv 2(\mathrm{mod}\ 4)$，易知 $k_2 = 1$ 是一个解，新的同余方程为 $x \equiv 6 \times 1 + 5 = 11(\mathrm{mod}\ 12)$。得到的同余方程完全相同。

接下来，再按照互质条件下的方法求取新方程组的解。

$$\begin{cases} x \equiv 11(\mathrm{mod}\ 12) \\ x \equiv 4(\mathrm{mod}\ 5) \end{cases}$$

因为 $5 \times 5 = 25 \equiv 1(\mathrm{mod}\ 12)$，所以第一个方程系数取 25；因为 $12 \times 3 = 36 \equiv 1(\mathrm{mod}\ 5)$，所以第二个方程系数取 36；基本解为 $11 \times 25 + 4 \times 36 = 419$，对 12 和 5 的最小公倍数 60 取余，得最小正整数解为 59，所以方程组的通解公式为 $x = 60k + 59$，k 为一个非负整数。

由此可见，对于一般形式的一元线性同余方程组问题，孙子剩余定理给出了其有解的条件以及求解的方法；对于特殊形式的一元线性同余方程组问题，则可能存在更为简便的解法，比如上述余数都为 -1 的情况，就可以使用补足余数求最小公倍数的方法求解。

📖 本节术语

线性同余方程： 形如 $ax \equiv c(\mathrm{mod}\ b)$ 的方程被称为线性同余方程，它表示线性表达式 ax 与 c 对模 b 同余。

一元线性同余方程组： 只有一个未知数，有多个已知除数和余数的线性同余方程被称为一元线性同余方程组。

孙子剩余定理： 又称中国剩余定理、中国余数定理，是数论中一个关于一元线性同余方程组的定理，说明了一元线性同余方程组有解的规则以及求解方法。

第2章

书写的几何

　　法国数学家索菲·热尔曼眼中的代数"无非是书写的几何"。在孟德尔对植物性状的遗传研究中，二项式展开扮演了何种重要的角色？电视剧《老友记》中，乔伊为什么要踩在地图上才能辨识方向？我们在计算平均数时容易陷入何种谬误？你发现了韦达定理中的对称和轮换之美吗？在本章中，你将学习到二项式展开、杨辉三角形的性质、函数的不动点、特征方程和特征值、均值不等式、不等式的齐次化和归一化，以及不等式的对称性和轮换性。

2.1 种豌豆的神父

"Genius only means hard-working all one's life."

— Gregor Johann Mendel

"天才只意味着一生辛勤的工作。"

——格雷戈尔·约翰·孟德尔

初夏的布尔诺，一大早就是一派繁忙的景象。在远方的摩拉维亚高地上，云杉和松树匆匆换上了新绿的夏装。树林间，前夜的雨水汇成了千万条小溪，一路奔下山来，欢快地聚集到了斯夫拉特卡河中。

河水的喧嚣吵醒了圣托马斯修道院的年轻修士诺瓦克，他揉了揉惺忪的睡眼，发现导师早已离开了寝室，也不在饭堂——往常，此时的他应该在餐桌旁，一边咀嚼着面包，一边在抄本上描画着什么才对。

此时的孟德尔神父，正披着一件外衣，俯身查看着身前的一片豌豆苗。他仔细地数了数，略有所思，又摇了摇头，重新再数了一遍，似乎还是没有找到答案。

来到花园的诺瓦克恭敬地站在神父身后，轻声地问："导师，豌豆苗长得不够高，是雨水太多的原因吗？"

孟德尔神父没有转身，只是摘下了眼镜，说："不，年轻人。很有趣，我们得到了一个新的比例。"

诺瓦克走上前，也开始数起来。花园中的这一片地并不大，但被细心地用栅栏分成了好几块，眼前这一块地里种着几十株豌豆苗，诺瓦克仔细数了一遍，发现其中 31 棵植株较高，另外 29 棵植株较矮。

"奇怪！自花授粉高植株和矮植株的比例是 3：1，而和矮植株杂交以后比例变成了 1：1！"

当神父和年轻修士缓步回到修道院时，早餐时间就快过去了。孟德尔神父在餐桌边坐下，拿起一块面包，却没有往嘴里送，他的注意力全在抄本上的那些符号和线条之上。突然，他抬起头来，缓缓舒了一口气："这就对了！"

在今天，如果我们从遗传基因的角度来回溯孟德尔进行的豌豆杂交实验，就不难解释自花授粉和人工杂交带来的这个差别。

孟德尔和诺瓦克的自花授粉实验使用的是基因型为 Hh 的父本，其中 H 是显性的高植株基因，h 是隐性的矮植株基因。这样在得到的子代中，基因型为 HH、Hh 的子代都呈现出高植株的性状，只有基因型为 hh 的子代呈现出矮植株的性状。因为 $(H + h)^2 = HH + 2Hh + hh$，所以在子代中，具有高植株性状的植株 (HH 和 Hh) 数目和具有矮植株性状的植株 (hh) 数目之间的比例为 $3 : 1$。

在人工杂交的实验中，孟德尔使用基因型为 Hh 的高植株和基因型为 hh 的矮植株进行杂交，因为 $(H + h) \times (h + h)= 2Hh + 2hh$，所以在子代中具有高植株性状的植株 (Hh) 数目和具有矮植株性状的植株 (hh) 数目之间的比例为 $1 : 1$。

孟德尔在杂交计算中使用的公式 $(H + h)^2 = HH + 2Hh + hh$，是二项式定理的一个简单应用。在这个二次二项式展开后的代数式中，3 个基因型的系数分别为 1、2 和 1。类似地，对于三次二项式 $(a + b)^3$，展开后得到的 4 个代数式的系数分别为 1、3、3 和 1。

关于二次二项式的展开 $(a + b)^2 = a^2 + 2ab + b^2$，可以直观地通过图形对一个边长为 $(a + b)$ 的正方形进行分解来证明（图 2.1.1）。

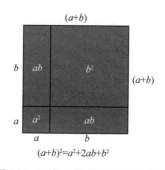

图 2.1.1　二次二项式展开的图示证明

类似地，三次二项式的展开 $(a + b)^3 = a^3 + 3a^2b + 3ab^2 + b^3$，也可以通过对一个边长为 $(a + b)$ 的立方体进行分解来证明（图 2.1.2）。

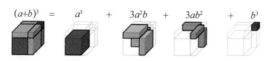

图 2.1.2　三次二项式展开的图示证明

对于更为一般性的情况，图形的解法就不适用了。根据二项式定理，二项式

的 n 次幂 $(a + b)^n$ 都能展开成 $n + 1$ 项代数式之和，其中每一项代数式可以表示为 $c(n, k) \cdot a^{n-k} b^k$，即 $(a + b)^n = \sum c(n, k) \cdot a^{n-k} b^k$，其中系数 $c(n, k)$ 被称为二项式系数，也记作 $\binom{n}{k}$。

在孟德尔进行豌豆杂交实验之前大约 600 年，我国南宋时期的数学家杨辉已经对二项式定理及二项式展开进行了深入的研究，他在北宋数学家贾宪发明的增乘开方法的基础上，在《详解九章算法》中将高幂次的二项式展开的系数（简称"二项式系数"）绘制成三角形图表的形式，这种三角形的图表也因此被称为"杨辉三角"或者"杨辉三角形"。

与此相独立，法国科学家布莱兹·帕斯卡（Blaise Pascal）在 17 世纪也对二项式展开进行了研究，虽然比杨辉晚了近 400 年，且这个二项式系数的三角形表示法和帕斯卡在物理、机械发明、文学和哲学等其他方面的非凡成就相比几乎不值一提，但在西方的数学体系中，二项式系数的这个三角形表示法被更广泛地称为"帕斯卡三角形"。

杨辉三角形的构造规则非常简单：三角形中的任意一个数等于它在上层"肩膀"上的两个数之和，例如在图 2.1.3 中，3 = 2 + 1，10 = 4 + 6。位于三角形两个侧边上的数，因为它在上层只有一个等于 1 的"肩膀"，所以它始终等于 1。

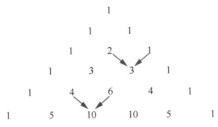

图 2.1.3　杨辉三角形或帕斯卡三角形

出于论述的方便，我们将最上面只有 1 个数字的那层约定为杨辉三角形的第 0 层，只有两个数字的那层定义为第 1 层，以此类推。同时，将第 n 层的数字从左至右依次约定为第 0 列、第 1 列……第 n 列。以第 3 层为例，1、3、3 和 1 依次为这一层的第 0 列、第 1 列、第 2 列和第 3 列。

这样，如果使用二项式定理中对二项式系数的定义来绘制杨辉三角形，它将是图 2.1.4 这种形式。

$$\binom{0}{0}$$

$$\binom{1}{0}\quad\binom{1}{1}$$

$$\binom{2}{0}\quad\binom{2}{1}\quad\binom{2}{2}$$

$$\binom{3}{0}\quad\binom{3}{1}\quad\binom{3}{2}\quad\binom{3}{3}$$

$$\binom{4}{0}\quad\binom{4}{1}\quad\binom{4}{2}\quad\binom{4}{3}\quad\binom{4}{4}$$

$$\binom{5}{0}\quad\binom{5}{1}\quad\binom{5}{2}\quad\binom{5}{3}\quad\binom{5}{4}\quad\binom{5}{5}$$

图 2.1.4　以二项式系数形式表示的杨辉三角形

杨辉三角形中的每一个数字，对应于二项式定理中某一项 $c(n, k)\cdot a^{n-k}b^k$ 的系数 $c(n, k)$，可以通过以下组合数公式求得。

$$c(n,k)=\binom{n}{k}=\frac{n!}{k!\cdot(n-k)!}\qquad(2.1.1)$$

这里，和前述的约定相符，n 表示该系数在杨辉三角形中所处的层数，而 k 表示该系数在这一层中所处的列数，符号 ! 表示阶乘。

从公式的右边不难发现，$c(n, k)\equiv c(n, n-k)$，即杨辉三角形呈左右对称的形式，第 n 层的第 k 列数字与第 $n-k$ 列数字相同。

除了对称性，杨辉三角形还有很多有意思的特性，其中有些特性看似很神奇，不过，如果我们会使用式（2.1.1）来计算，就会发现解释杨辉三角形的这些特性并不难。

最简单的一个特性：杨辉三角形每一层的第 0 列数字组成的数列是常数 1 数列，第 1 列数字组成的数列是正整数数列，而第 2 列数字组成的数列正好是三角形数数列（图 2.1.5）。

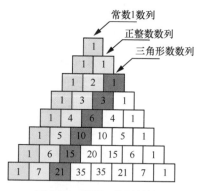

图 2.1.5　杨辉三角形特性 1

对于第 n 层的第 0 列，$k = 0$，系数 $c(n, 0) = \dfrac{n!}{0! \cdot n!} = 1$。因此对于自然数 n 来说，$c(n, 0)$ 始终等于常数 1。

对于第 n 层的第 1 列，$k = 1$，系数 $c(n, 1) = \dfrac{n!}{1! \cdot (n-1)!} = n$。因此对于自然数 n 来说，$c(n, 1)$ 也是一个正整数数列。

对于第 n 层的第 2 列，$k = 2$，系数 $c(n, 2) = \dfrac{n!}{2! \cdot (n-2)!} = \dfrac{n(n-1)}{2}$。所谓三角形数，就是将点或圆在等距离的排列下形成一个等边三角形所需要的点或者圆的数目（图 2.1.6）。容易知道，对于边长为 n 的等边三角形，需要的点或者圆的数目就等于 $1 + 2 + 3 + \cdots + n = \dfrac{n(n-1)}{2}$。因此对于自然数 n 来说，$c(n, 2)$ 正好是一个三角形数数列。

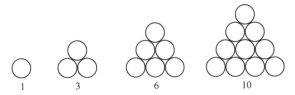

图 2.1.6　三角形数

第二个特性：杨辉三角形第 n 层的 $n+1$ 个系数之和 $\sum c(n, k) = 2^n$（图 2.1.7）。

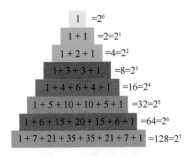

图 2.1.7　杨辉三角形特性 2

要证明这个特性，可以使用一个小技巧。在二项式公式 $(a + b)^n = \sum c(n, k) \cdot a^{n-k} b^k$ 中，令 $a = b = 1$，则得到 $(1 + 1)^n = \sum c(n, k)$，即 $\sum c(n, k) = 2^n$，而 $\sum c(n, k)$ 正好是第 n 层的 $n+1$ 个系数之和。

第三个特性：如果把杨辉三角形第 n 层的 $n+1$ 个系数连起来生成一个 $n+1$ 位的数字 S，其中十位及其以上位数的系数顺次向上进位，那么 $S = 11^n$（图 2.1.8）。例如，第 3 层的 4 个系数 1、3、3 和 1 连起来生成一个 4 位数 1331，

$1331 = 11^3$。再例如，第 6 层的 7 个系数 1、6、15、20、15、6 和 1 连起来，其中第 2 列的系数 15 进位后将前一列系数的个位数 6 改为 7，第 3 列的系数 20 进位后将前一列系数的个位数 5 改成 7，第 4 列的系数 15 进位后将前一列系数的个位数改为 1，最后连起来得到 1771561，正好等于 11^6。

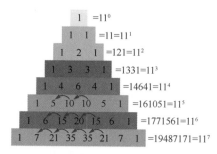

图 2.1.8　杨辉三角形特性 3

对这个特性的证明和对第二个特性的证明过程相仿。

对于二项式展开 $(a + b)^n = \sum c(n, k) \cdot a^{n-k} b^k$，令 $a = 10$，$b = 1$，则得到 $(10 + 1)^n = \sum c(n, k) \cdot 10^{n-k}$，即 $\sum c(n, k) \cdot 10^{n-k} = 11^n$。这相当于从右到左（从第 n 列到第 0 列），将第 n 层的 $n + 1$ 个系数依次放在个位、十位、百位……10^n 位上，然后加起来得到 S，这个过程和把第 n 层的 $n + 1$ 个系数连起来生成一个 $n + 1$ 位的数字是等价的。

第四个特性：如图 2.1.9 所示，将杨辉三角形在某个斜率的对角线上的系数加起来，将得到一个斐波那契数列

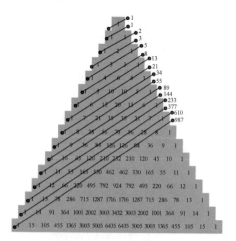

图 2.1.9　杨辉三角形特性 4

课堂上来不及思考的数学 2：挑战思维极限

1, 1, 2, 3, 5, 8, …

好神奇的样子！

实际上，杨辉三角形的这个特性和它的构造规则有关，即下层的每个数字等于其在上一层的两个"肩膀"位置的数字之和。要证明这个特性，我们甚至都不需要使用式（2.1.1），在图 2.1.10 中我们以图 2.1.9 中的最后 3 条对角线为例，可以很简明地看出这个特性来。

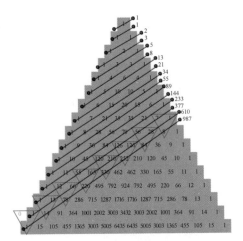

图 2.1.10　杨辉三角形特性 4 的图解

最后 3 条对角线上的系数之和，分别为 377、610 和 987。在斐波那契数列中，$377 + 610 = 987$。在图 2.1.10 中，我们在倒数第二层的左侧加上一个并不影响和的"左肩膀"0，然后画出若干个蓝色的倒三角形，就可以发现，和为 377 的对角线上的每一个系数都位于倒三角形的左上方，和为 610 的对角线上的每一个系数都位于倒三角形的右上方，而和为 987 的对角线上的每一个系数都位于倒三角形的下方。

根据杨辉三角形的构造规则，每一个倒三角形下方的系数都等于其左上方和右上方两个系数之和，所以对于整条对角线来说，最下面那条对角线上的系数之和，相应地就等于上面两条对角线上所有系数之和，即对角线上的系数之和所组成的数构成了一个斐波那契数列。

接下来，我们来看看几道与二项式定理和二项式展开有关的例题。

例 1：已知 $(1 - 2x)^7 = a_0 + a_1 x + a_2 x^2 + \cdots + a_7 x^7$，求 $a_1 + a_2 + a_3 + \cdots + a_7$ 和 $a_1 + a_3 + a_5 + a_7$ 的值。

解：

这道题如果直接用二项式系数公式计算，当然可以，但不够简明。更好的办法仍然是使用我们在证明杨辉三角形第二个特性时使用过的技巧。

令 $x = 0$，得到

$$1 = a_0 \tag{2.1.2}$$

再令 $x = 1$，得到

$$-1 = a_0 + a_1 + a_2 + a_3 + \cdots + a_7 \tag{2.1.3}$$

用式（2.1.3）减去式（2.1.2），得到 $a_1 + a_2 + a_3 + \cdots + a_7 = -2$。

令 $x = -1$，得到

$$3^7 = a_0 - a_1 + a_2 - a_3 + \cdots - a_7 \tag{2.1.4}$$

将式（2.1.3）减去式（2.1.4）的差除以 2，得到

$$a_1 + a_3 + a_5 + a_7 = \frac{-1 - 3^7}{2} = -1094。$$

例 2：已知 x 和 y 为整数，p 为素数，求证 $(x + y)^p \equiv x^p + y^p \pmod{p}$。

解：

我们将 $(x + y)^p$ 展开，并将首尾两项移到等号的左边。

$$(x + y)^p = \sum_{k=0}^{p} \binom{p}{k} x^{p-k} y^k$$

$$(x + y)^p - x^p - y^p = \sum_{k=1}^{p-1} \frac{p!}{k!(p-k)!} x^{p-k} y^k$$

分析等式的右边，对于 $k = 1, 2, \cdots, p-1$ 而言，k 和 $p-k$ 都小于 p，因为 p 是素数，所以分母上的 $k!$ 和 $(p-k)!$ 中都不可能有 p 的因数，又因为 x 和 y 都是整数，所以等式右边各项都有 p 的因数，即等式右边模 p 恒等于 0：

$$(x + y)^p - x^p - y^p \equiv 0 \pmod{p}$$

即

$$(x + y)^p \equiv x^p + y^p \pmod{p}$$

例 3：对于 $k \geq 2$，多项式 $f(k) = (1 + x) + (1 + x)^2 + (1 + x)^3 + \cdots + (1 + x)^k$ 的展开式中 x^2 的系数为 a_k，求 $\dfrac{1}{a_2} + \dfrac{1}{a_3} + \dfrac{1}{a_4} + \cdots + \dfrac{1}{a_{20}}$ 的值。

解：

$f(k) = (1 + x) + (1 + x)^2 + (1 + x)^3 + \cdots + (1 + x)^k$ 可以看作一个初始项为 $(1 + x)$、公比为 $(1 + x)$ 的等比数列的前 k 项之和。根据等比数列的求和公式，有

$$(1+x)+(1+x)^2+(1+x)^3+\cdots+(1+x)^k = \frac{(1+x)\left[(1+x)^k-1\right]}{(1+x)-1}$$

$$= \frac{(1+x)^{k+1}-(1+x)}{x}$$

等式右边分子中的 $-(1+x)$ 只对常数项和 x 项有影响，分母为 x，因此等式左边展开后 x^2 项的系数 a_k 就等于等式右边分子中 $(1+x)^{k+1}$ 展开后 x^3 的系数，即

$$a_k = c(k+1,\ 3) = (k+1)k(k-1)\times\frac{1}{6}$$

接下来，通过对 $\dfrac{1}{a_k}$ 进行裂项就不难得到答案了。

$$\sum_{k=2}^{20}\frac{1}{a_k} = \sum_{k=2}^{20}\frac{6}{(k+1)k(k-1)}$$

$$= 3\sum_{k=2}^{20}\frac{(k+1)-(k-1)}{(k+1)k(k-1)}$$

$$= 3\sum_{k=2}^{20}\left[\frac{1}{k(k-1)}-\frac{1}{(k+1)k}\right]$$

$$= 3\times\left(\frac{1}{2\times1}-\frac{1}{21\times20}\right) = \frac{209}{140}$$

📚 本节术语

二项式定理： 二项式定理描述了二项式的幂的代数展开。根据该定理，可以将两个数之和的整数次幂，诸如 $(x+y)^n$ 展开为类似 ax^by^c 项之和的恒等式，其中 b、c 均为非负整数，且 $b+c=n$。系数 a 是依赖于 n 和 b 的正整数。

二项式系数： 二项式系数是二项式定理中各项的系数。一般而言，二项式系数由两个作为参数的非负整数 n 和 k 决定，定义为 $(1+x)^n$ 的多项式展开式中 x^k 项的系数，因此它一定是非负整数。

杨辉三角形： 对于非负整数 n，如果将其 $n+1$ 个二项式系数写成一行，再依照 $n=0, 1, 2, \cdots$ 的顺序由上往下排列，则构成杨辉三角形。

三角形数： 将点或圆在等距离的排列下形成一个等边三角形所需要的点或者圆的数目。

2.2 乔伊的地图

"Mathematics is nothing more, nothing less, than the exact part of our thinking."

—L. E. J. Brouwer

"数学是我们思维的一部分，仅此而已。"

——布劳威尔

伦敦，万豪酒店。

钱德勒和乔伊一前一后走出酒店大门，想去逛逛伦敦那些著名的景点。他们的第一站是威斯敏斯特教堂，然而两人都是路痴，捧着地图好不容易找到了饭店所在的位置，却不知道去往教堂的方向。

"我得走进地图里！"

乔伊把地图平铺在地上，踩到地图中饭店的位置，然后左右看看，思索着应该往哪个方向走。

钱德勒看到乔伊这个做法哭笑不得。

"我知道了！咱们出发吧！"乔伊高兴地捧起地图，像捧起了一个大罗盘，循着脑海里的方向在大街上走动起来。

这是情景喜剧《老友记》（Friends）某集中的场景，乔伊试图通过将地图和街道叠加起来，自己站到地图上此刻自己所在的位置来寻找方向，方法虽然可笑，但对于路痴来说确实是一个有用的办法。

在现实生活中，我们也会使用类似的方法帮助人们搞清楚方向和位置。在很多大型建筑物里，比如购物中心、图书馆，或者在大学校园中，我们经常会看到不少平面示意图。这些平面图除了给出相关商家、各个阅览室或者院系楼宇的位置以外，还会在图中的某个位置标上"您在这里"或"您所在的位置"。这样，路人就明白自己所处的地点在地图中的位置，要去的目的地在哪儿，该往哪个方向走了（图 2.2.1）。

图 2.2.1　平面示意图

类似图 2.2.1 中的这个标记，和地图上乔伊的脚一样，有着特殊的含义。一方面，我们可以把这个标记所在的位置理解成现实世界中的一个点；另一方面，我们也可以把这个标记所在的位置理解成地图上的一个点。地图可以理解成现实世界通过某个函数转换得到的映射，现实世界是这个函数的定义域，而地图就是这个函数的值域。这样，不论是在函数的定义域中，还是在其值域中，这个标记所在的位置表示的都是同一个点。因此，这个点也被称作"不动点"。

用更为准确的数学语言来描述，**所谓函数的不动点，就是在函数 f 的定义域中至少存在一个点 x_0，使得 $f(x_0) = x_0$。** 对于数列来说，如果将其递推公式写作 $a_{k+1} = f(a_k)$，那么函数 $f(x)$ 的不动点也被称作该数列递推公式的不动点。

从代数角度看，不动点即方程 $f(x) = x$ 的根；从解析几何角度看，不动点是曲线 $y = f(x)$ 与直线 $y = x$ 的交点。而在上述乔伊的故事中，不动点就是他的脚的位置，它表示当地图水平放置时，某个在现实世界和地图中表示同一个位置的点。

这几句话可能有些拗口，下面以最简单的常数数列、等差数列和等比数列为例，解释不动点的几何意义。

先假设在现实世界中存在一个建筑，它的映射以蓝色矩形表示（图 2.2.2），其 4 个角点 A、B、C 和 D 的坐标分别为 (-2, 1)、(3, 1)、(3, -2) 和 (-2, -2)。在地图中，点 A、B、C 和 D 分别对应点 A'、B'、C' 和 D'，地图上的该建筑以橙色矩形表示。

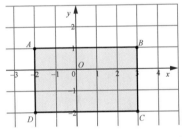

图 2.2.2　现实世界中的一个建筑的映射

先考虑常数数列。常数数列的递推公式为 $a_{k+1} = a_k$。如果我们用一个函数的形式表示这个递推关系，那么该函数就是 $f(x) = x$。显然，因为 $f(x) = x$，所以对于其定义域上的任意一个点 x_0，都存在 $f(x_0) = x_0$，即包括 A、B、C 和 D 在内，其定义域上的任意一个点都是该函数的不动点。

如果用地图来打比方：现实世界是定义域，地图是值域，因为映射关系为 $f(x) = x$，所以这张地图是现实世界的完整复制品，大小完全相同，而且不差分毫地重叠在一起。在这种情况下，橙色矩形 $A'B'C'D'$ 和蓝色矩形 $ABCD$ 完全重合（图 2.2.3）。很显然，现实世界中的任意一个点和它在地图上相对应的位置也是重合的。

常数数列的通项公式也很简单，根据递推公式，可得到 $a_k = a_{k-1} = \cdots = a_1$。

接下来，是我们熟识的等差数列。等差数列的递推公式为 $a_{k+1} = a_k + d$，其中 d 为公差。为了区别于常数数列，我们设 $d \neq 0$。如果用一个函数表示这个递推关系，那么有 $f(x) = x + d$，这是一个斜率为 1、截距为 d 的线性函数。

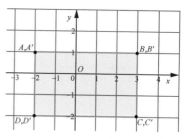

图 2.2.3　常数数列的映射

令 $f(x_0) = x_0$，即 $x_0 + d = x_0$，显然，在 $d \neq 0$ 的情况下这个等式无解，这意味着该函数在其定义域上不存在任何不动点。

同样用地图来打比方：现实世界是定义域，地图是值域，通过 $f(x) = x + d$ 我们仍然可以得到一张复制自现实世界的地图，该地图和现实世界大小相同，但此时的地图并不是精确地重叠在现实世界之上，而是在两个坐标轴方向都移动了 d 个单位。在这种情况下，现实世界中的任意一个点和它在地图上相对应的位置之间在两个坐标轴方向总是存在着 d 个单位的距离，因此不存在某个点在现实世界中和在地图上的位置恰好完全重合。

图 2.2.4 以映射函数 $f(x) = x + 1$ 为例，蓝色矩形是现实世界中的建筑，橙色矩形是地图上的建筑，地图复制自现实世界，但向两个坐标轴的正方向移动了 1 个单位，即 $d = 1$。可见，包括点 A、B、C 和 D 在内，坐标系中任意一个点在蓝色矩形 $ABCD$ 和橙色矩形 $A'B'C'D'$ 中表示的位置都不可能相同。

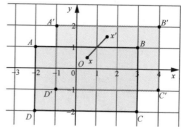

图 2.2.4　等差数列的映射

等差数列的通项公式可以通过对递推公式的简单累加得到，通过将

$$a_2 = a_1 + d$$
$$a_3 = a_2 + d$$
$$\cdots$$
$$a_{n-1} = a_{n-2} + d$$
$$a_n = a_{n-1} + d$$

相加，可得到 $a_n = a_1 + (n-1) \cdot d$。

再来看看我们同样熟识的等比数列，其递推公式为 $a_{k+1} = q \cdot a_k$，其中 q 为公比。为了区别于常数数列，我们设 $q \neq 1$。用一个函数表示这个递推关系，有 $f(x) = qx$，这是一个斜率为 q、截距为 0 的线性函数。令 $f(x_0) = x_0$，即 $qx_0 = x_0$，在 $q \neq 1$ 的情况下得到唯一的解 $x_0 = 0$，即该函数定义域中唯一存在的不动点是 $x_0 = 0$。

仍然用地图来打比方：通过映射函数 $f(x) = qx$ 我们得到一张地图，其形状和现实世界是相似的，但大小不同，缩放率为 q；同时，以坐标系原点为基准点，地图与现实世界的相对位置没有发生移动或旋转。这样，当地图和现实世界叠在一起时，除了坐标系原点在现实世界和地图上表示的位置相同以外，现实世界中其他的点经过一定比例的缩放后不可能和其在地图上的位置重合。因此，坐标系原点是现实世界和地图之间唯一的不动点。

图 2.2.5 是映射函数 $f(x) = 0.5x$ 的例子，蓝色矩形 $ABCD$ 同样表示现实世界中的建筑，橙色矩形 $A'B'C'D'$ 表示地图中的建筑，相当于将现实世界缩小到原来的一半，即 $q = 0.5$。两个矩形以原点为基准点覆盖在一起，图中坐标系原点 $O\,(0, 0)$ 在两个矩形中表示的位置相同，即不动点。而蓝色矩形中的其他任意一点 X，和 A、B、C 和 D 点类似，缩小后的 X' 点将位于线段 OX 的中点，因此除了坐标系原点以外，X' 点不可能和 X 点重合。

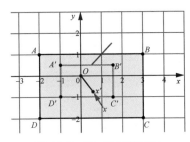

图 2.2.5　等比数列的映射

类似地，等比数列的通项公式可以通过对递推公式的累乘得到，将

$$a_2 = q \cdot a_1$$
$$a_3 = q \cdot a_2$$
$$\cdots$$
$$a_{n-1} = q \cdot a_{n-2}$$
$$a_n = q \cdot a_{n-1}$$

相乘，可得到 $a_n = q^{n-1} \cdot a_1$。

至此，不动点的几何意义十分明显了，但似乎并没有什么用处。

常数数列、等差数列和等比数列的递推公式的函数形式都是线性式，但都具有一定的特殊性：常数数列线性式只具有常数项，等差数列线性式的斜率为 1，而等比数列的线性式截距为 0。那么，如果递推公式是一个一般意义上的线性式 $a_{k+1} = q \cdot a_k + d$，是否也存在不动点，它的通项公式又该如何求得？

以 $a_{k+1} = 0.5a_k + 1$ 为例，即 $q = 0.5$，$d = 1$。此时，因为 q 的存在，无法用累加的方法直接得到通项公式；同时因为 d 的存在，也无法用累乘的方法直接求得。

我们不妨先计算它的不动点：把递推公式写成函数形式 $f(x) = 0.5x + 1$，令 $f(x_0) = x_0$，即 $0.5x_0 + 1 = x_0$，求得 $x_0 = 2$。因此，$f(x_0) = x_0 = 2$ 就是该函数唯一的不动点。

我们将 $f(x) = 0.5x + 1$ 的两边同时减去 x_0，将其改写成 $f(x) - 2 = 0.5(x - 2)$。从上面等比数列的例子中可以得知，对于 $f(x) = 0.5x$，其不动点即坐标系原点。现在，如果将函数 $f(x) = 0.5x + 1$ 的两个坐标轴分别移动 2 个单位，那么原来坐标系中的不动点 $(2, 2)$ 就成了新坐标系的原点 $(0, 0)$，原坐标系下的函数 $f(x) = 0.5x + 1$ 在新坐标系中就变成了函数 $f(x) = 0.5x$。换句话说，**对于一般意义下的线性递推关系，我们可以通过坐标轴的平移，将其不动点平移到新坐标系的原点，原线性递推关系转化为等比线性关系，这样就可以通过等比数列通项公式反推得到原数列的通项公式了。**

图 2.2.6 是映射函数 $f(x) = 0.5x + 1$ 条件下的映射。代表现实世界建筑的蓝色矩形 $ABCD$ 和前例相同，$f(x) = 0.5x + 1$ 表示先将现实世界缩小到原来的一半，得到绿色矩形 $A'B'C'D'$，然后再向两个坐标轴的正方向移动 1 个单位得到橙色矩形 $A''B''C''D''$，即 $q = 0.5$，$d = 1$。而图中的点 $F(2, 2)$ 在两个多边形中表示的位置相同，即该映射的不动点。

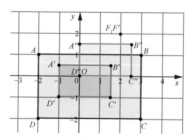

图 2.2.6　一般线性递推公式的映射

接下来求通项公式，根据不动点 $f(x_0)=x_0=2$，将递推公式两端同时减去 x_0，得到 $a_{k+1}-2=0.5\,(a_k-2)$

设 $b_k=a_k-2$，得到 $b_{k+1}=0.5b_k$，显然 b_n 是等比数列，其通项公式为 $b_n=0.5^{n-1}b_1=0.5^{n-1}(a_1-2)$，即 $a_n=0.5^{n-1}(a_1-2)+2$。

因此，当 $f(x)$ 为一般形式的线性式时，我们可以将递推公式先移动到不动点，然后求得等比数列的通项公式，再反推得到原数列的通项公式。一般地，对于 $a_{k+1}=q\cdot a_k+d$，当 $q\neq 1$ 时可以得到通项公式 $a_n=q^{n-1}a_1+d\cdot\dfrac{q^{n-1}-1}{q-1}$；当 $q=1$ 时，其通项公式为 $a_n=a_1+d\cdot(n-1)$。

对于非线性递推公式的数列，是不是就不能使用不动点来求得通项公式呢？

对于非线性递推公式的数列来说，首先，它们并不总是存在通项公式；其次，在某些特例下虽然我们仍然可以利用不动点求得通项公式，但在求解过程中往往需要进行换元。

下面，简单地讨论一下 $f(x)$ 为幂函数时的一些特例，即 $a_{k+1}=q\cdot a_k^p+d$。

当 $d\neq 0$ 时，或者 $q<0$ 时，情况比较复杂，在这里不进行讨论。

当 $d=0$ 且 $q>0$ 时，可以通过换元法得到通项公式，令 $b_n=\lg(a_n)$。对递推公式两端同时取对数，得到

$$\lg(a_{k+1})=\lg(qa_k^p)=\lg(q)+p\cdot\lg(a_k)$$

即 $b_{k+1}=p\cdot b_k+\lg(q)$。

这样 b_n 的递推公式就是一般形式的线性式，我们可以通过上述不动点法求得 b_n 的通项公式，再通过反向换元，得到 a_n 的通项公式。

以 $a_1=3$，$a_{k+1}=2\cdot a_k^3$ 为例。两边取对数，

$$\lg(a_{k+1})=\lg(2)+3\lg(a_k)$$

令 $b_n=\lg(a_n)$，$b_1=\lg(3)$，$b_{k+1}=3b_k+\lg(2)$，或者 $f(x)=3x+\lg(2)$。

令 $f(x_0)=x_0$，得到 $3x_0+\lg(2)=x_0$，解得 $x_0=-\lg(\sqrt{2})$。

于是，

$$b_{k+1}+\lg(\sqrt{2})$$
$$=3b_k+\lg(2)+\lg(\sqrt{2})$$
$$=3[b_k+\lg(\sqrt{2})]$$

令 $c_n=b_n+\lg(\sqrt{2})$，$c_1=\lg(3)+\lg(\sqrt{2})=\lg(3\sqrt{2})$，$c_{k+1}=3c_k$，得到通项公式为 $c_n=3^{n-1}c_1=3^{n-1}\lg(3\sqrt{2})$。

通过反向换元，

$$b_n = c_n - \lg(\sqrt{2}) = 3^{n-1}\lg(3\sqrt{2}) - \lg(\sqrt{2})$$

$$a_n = 10^{b_n} = 3^{3^{n-1}} \cdot (\sqrt{2})^{3^{n-1}-1} = 2^{\frac{3^{n-1}-1}{2}} \cdot 3^{3^{n-1}}$$

下面再看一个递推公式是分式的例子：$a_1 = 2$，$a_{k+1} = \dfrac{3a_k + 1}{a_k + 3}$，用函数形式表示为 $f(x) = \dfrac{3x+1}{x+3}$。

令 $f(x_0) = x_0$，即 $\dfrac{3x_0+1}{x_0+3} = x_0$，$x_0^2 = 1$，解得 $x_0 = 1$ 或者 -1。此时，出现了两个不动点，我们试着根据这两个不同的不动点将递推公式变形。

（1）根据不动点 $x_0 = 1$，

$$a_{k+1} - 1 = \frac{3a_k+1}{a_k+3} - 1 = 2\frac{a_k-1}{a_k+3}$$

两边取倒数，

$$\frac{1}{a_{k+1}-1} = \frac{a_k+3}{2(a_k-1)} = \frac{a_k-1+4}{2(a_k-1)} = \frac{1}{2} + 2\frac{1}{a_k-1}$$

令 $b_n = \dfrac{1}{a_n-1}$，显然 b_n 的递推公式 $b_{k+1} = 2b_k + \dfrac{1}{2}$ 是一个一般线性式，我们可以根据上述的不动点法求得通项公式，然后通过反向换元，得到 a_n 的通项公式。具体过程在这里省去。

（2）根据不动点 $x_0 = -1$，

$$a_{k+1} + 1 = \frac{3a_k+1}{a_k+3} + 1 = 4\frac{a_k+1}{a_k+3}$$

两边取倒数，

$$\frac{1}{a_{k+1}+1} = \frac{a_k+3}{4(a_k+1)} = \frac{a_k+1+2}{4(a_k+1)} = \frac{1}{4} + \frac{1}{2} \cdot \frac{1}{a_k+1}$$

类似于（1），我们也可以令 $b_n = \dfrac{1}{a_n+1}$，通过换元得到最后的通项公式。（1）和（2）得到的最终结果应该相同，具体过程在这里省去。

我们看到，对于递推公式是分式，且分子分母都为线性式时，我们同样可以通过求不动点得到换元的形式，然后进一步求解。

课堂上来不及思考的数学 2：挑战思维极限

不过，这里有一个问题：因为不动点方程为二次方程，如果 $f(x_0) = x_0$ 无解怎么办？

我们把上面例子中的一个符号改一下：$a_1 = 2$，$a_{k+1} = \dfrac{3a_k - 1}{a_k + 3}$。同样令 $f(x_0) = x_0$，即 $\dfrac{3x_0 - 1}{x_0 + 3} = x_0$，$x_0^2 = -1$，这时方程无实数解。此时，如果我们将实数的值域扩展到复数，那么仍然可以得到不动点 $x_0 = \mathrm{i}$ 或者 $-\mathrm{i}$。依样画葫芦，以 $x_0 = \mathrm{i}$ 为例，

$$a_{k+1} - \mathrm{i} = \frac{3a_k - 1}{a_k + 3} - \mathrm{i} = \frac{3a_k - 1 - \mathrm{i}a_k - 3\mathrm{i}}{a_k + 3} = \frac{(a_k - \mathrm{i})(3 - \mathrm{i})}{a_k + 3}$$

两边同时取倒数，

$$\frac{1}{a_{k+1} - \mathrm{i}} = \frac{a_k + 3}{(a_k - \mathrm{i})(3 - \mathrm{i})} = \frac{a_k - \mathrm{i} + 3 + \mathrm{i}}{(a_k - \mathrm{i})(3 - \mathrm{i})} = \frac{1}{3 - \mathrm{i}} + \frac{3 + \mathrm{i}}{3 - \mathrm{i}} \cdot \frac{1}{a_k - \mathrm{i}}$$

令 $b_n = \dfrac{1}{a_n - \mathrm{i}}$，显然，其递推公式仍然是一个线性式，只不过其系数是复数。我们可以继续求解下去，最后得到以复数表示的 a_n 的通项公式。

🎲 彩蛋问题

我们手机导航中的小箭头是不是一个不动点呢？如果是，为什么在导航过程中，它又一直在动呢？

📖 本节术语

不动点定理：如果对于函数 f，在其定义域上至少存在一个点 x_0，使得 $f(x_0) = x_0$，则称点 x_0 是函数 f 的不动点。从代数角度看，不动点即方程 $f(x) = x$ 的根；从解析几何角度看，不动点是曲线 $y = f(x)$ 与直线 $y = x$ 的交点。

2.3 多出来的孩子

"君子以裒多益寡，称物平施。"

——《周易·谦》

在丹尼尔·列维京（Daniel J. Levitin）的《武装了的谎言》（*Weaponized Lies: How to Think Critically in the Post-Truth Era*）一书中，作者讲述了一个有趣的例子：假设你生活在某个社区，该社区的每个家庭平均拥有 3 个小孩，那么该社区的孩子平均拥有几个兄弟姐妹？相信有不少人的脑子里会立马出现一个数字：2 个！家里平均有 3 个小孩，对于每个孩子来说，他们平均有 2 个兄弟姐妹。

答案显然没有这么简单。

让我们假设一个实例：5 个家庭分别拥有 1、2、3、4 和 5 个小孩，一共有 15 个小孩，很显然平均每个家庭拥有 3 个小孩。现在计算各个家庭中每个孩子的兄弟姐妹数，第一个家庭的小孩没有兄弟姐妹，第二个家庭的小孩分别有 1 个，第三个家庭的小孩分别有 2 个……第五个家庭的小孩分别有 4 个。

你可能会说：5 个家庭的小孩分别有 0 个、1 个、2 个、3 个和 4 个兄弟姐妹，平均起来，可不就是平均每个孩子拥有 2 个兄弟姐妹吗？

但是，准确的答案应该是平均每个孩子拥有约 2.67 个兄弟姐妹。这 0.67 个兄弟姐妹是如何多出来的？

产生以上谬误的原因在于，**计算平均每个孩子拥有的兄弟姐妹数必须以孩子的总数为分母，而不能以家庭的总数为分母**。所以，正确的计算方法应该是先计算所有孩子拥有的兄弟姐妹的总数，再除以小孩的总数，即 $0 \times 1 + 1 \times 2 + 2 \times 3 + 3 \times 4 + 4 \times 5 = 40$，$40 \div 15 = \dfrac{8}{3}$，该社区平均每个孩子拥有 $\dfrac{8}{3}$（即约 2.67）个兄弟姐妹。

换句话说，在这个计算中每个家庭的权重（拥有的小孩数）是不同的，只有加权后计算得到的结果才是正确结果。更为一般地，设社区一共有 n 个家庭，第 i 个家庭的小孩数为 k_i，那么关于平均每个孩子拥有的兄弟姐妹数，正确的计算公式应该为

课堂上来不及思考的数学 2：挑战思维极限

$$\bar{S} = \frac{\sum_{i=1}^{n}(k_i-1)k_i}{\sum_{i=1}^{n}k_i}$$

看到这里，你可能会有两个问题。什么时候这个平均值会正好等于 2 呢？是不是不论每个家庭的小孩数有怎样的分布，这个平均值一定大于等于 2 呢？

第一个问题很简单，当每个家庭都拥有相同数目的小孩，即 $k_i = 3$ 时，各个家庭的权重相等，这时平均每个孩子拥有的兄弟姐妹数为 $k_i - 1$，即 2 个。

第二个问题要复杂一些。不失一般性，需要证明的是平均每个孩子拥有的兄弟姐妹数一定大于等于平均每个家庭拥有的小孩数减 1，即

$$\frac{\sum_{i=1}^{n}(k_i-1)k_i}{\sum_{i=1}^{n}k_i} \geqslant \frac{\sum_{i=1}^{n}k_i}{n} - 1$$

将上式变形一下，

$$\sum_{i=1}^{n}(k_i^2-k_i) \geqslant \frac{(\sum_{i=1}^{n}k_i)^2}{n} - \sum_{i=1}^{n}k_i$$

$$\sum_{i=1}^{n}k_i^2 \geqslant \frac{(\sum_{i=1}^{n}k_i)^2}{n}$$

即

$$\sqrt{\frac{\sum_{i=1}^{n}k_i^2}{n}} \geqslant \frac{\sum_{i=1}^{n}k_i}{n}$$

不等式的右边是 k_i 的算术平均值（Arithmetic Mean，AM），不等式的左边是 k_i 的平方平均值（Quadratic Mean，QM）。平方平均值大于等于算术平均值，即 QM ≥ AM，是平均值不等式的一部分。

平均值不等式反映的是一组正数不同形式的平均值之间的大小关系。其中，我们最熟悉的是算术平均值大于等于几何平均值（Geometric Mean，GM），除

了上面提到的平方平均值大于等于算术平均值以外，还有几何平均值大于等于调和平均值（Harmonic Mean，HM）。**这几个平均值的不等式关系可以简单写作 QM ≥ AM ≥ GM ≥ HM。**

这几个平均值里，"知名度"最低的估计是调和平均值了。为了更好地理解调和平均值，我们来回顾一道小学数学题。

一份装配工作，工人甲做需要 3 小时完成，工人乙做需要 5 小时完成。现在有两份装配工作由甲和乙一起做，需要多长时间可以完成呢？

相信现在的你不会贸然回答 4 小时了。小学生的正确做法是，先假设一份装配工作的工作量为 1，那么甲的速度是 $\frac{1}{3}$，乙的速度是 $\frac{1}{5}$，他俩加起来的速度是 $\frac{1}{3} + \frac{1}{5}$，现在有两份装配工作，所以需要的时间是 $2 \div (\frac{1}{3} + \frac{1}{5}) = \frac{15}{4}$，即 3.75 小时。这个 $\frac{15}{4}$ 就是 3 和 5 的调和平均值，它要小于 3 和 5 的算术平均值。

利用这几个平均值之间的不等式关系，可以解决很多不等式的问题。下面，我们先看一个简单的例子。

例 1：对于正实数 x、y 和 z，证明以下不等式成立。

$$\frac{1}{x} + \frac{1}{y} + \frac{1}{z} \geqslant \frac{9}{x+y+z}$$

解：

如果我们把 $\frac{1}{x}$、$\frac{1}{y}$ 和 $\frac{1}{z}$ 看作 3 个数，稍做变形，就可以发现这个不等式其实就是简单的算术平均值和调和平均值的不等式关系。

$$\frac{\frac{1}{x} + \frac{1}{y} + \frac{1}{z}}{3} \geqslant \frac{3}{\frac{1}{\frac{1}{x}} + \frac{1}{\frac{1}{y}} + \frac{1}{\frac{1}{z}}}$$

如果不把算术平均值和调和平均值的不等式关系当作一个定理，而一定要证明上面这道题的话，我们可以由 x、y 和 z 的算术平均值和几何平均值的不等式关系得到

$$\sqrt[3]{xyz} \leqslant \frac{x+y+z}{3} \Rightarrow \frac{1}{\sqrt[3]{xyz}} \geqslant \frac{3}{x+y+z}$$

同样由 $\frac{1}{x}$、$\frac{1}{y}$ 和 $\frac{1}{z}$ 的算术平均值和几何平均值的不等式关系得到

$$\frac{\frac{1}{x}+\frac{1}{y}+\frac{1}{z}}{3} \geqslant \sqrt[3]{\frac{1}{xyz}} \Rightarrow \frac{1}{x}+\frac{1}{y}+\frac{1}{z} \geqslant \frac{3}{\sqrt[3]{xyz}}$$

结合以上两个不等式，原不等式简单得证。

平均值不等式（QM ≥ AM ≥ GM ≥ HM）是优美的，如果再仔细看看它们的标准形式，我们会发现它们还有一个共同特点：它们都是一次不等式。

$$\sqrt{\frac{\sum_{i=1}^{n} x_i^2}{n}} \geqslant \frac{\sum_{i=1}^{n} x_i}{n} \geqslant \sqrt[n]{\prod_{i=1}^{n} x_i} \geqslant \frac{n}{\sum_{i=1}^{n} \frac{1}{x_i}}$$

平方平均是二次式开平方，算术平均是一次式，几何平均是 n 次式开 n 次方，调和平均是 -1 次式再取倒数，所以，它们最后都是一次式。

如果我们把不等式两边次数相等的不等式称为齐次不等式，那么这几个平均值的不等式都是齐次不等式。由于不等式两边的齐次性，在求解或者证明不等式的时候，我们可以通过假设某些等量关系，实现简化不等式求解或者证明过程的目的。

例 2：已知 a、b 和 c 均大于 0，证明以下不等式成立。

$$\frac{c}{a+b}+\frac{a}{b+c}+\frac{b}{c+a} \geqslant \frac{3}{2}$$

解：

这是一个齐次不等式，不等式两边都为 0 次式。

先使用换元法，简化分母，设

$$a+b=x, \quad b+c=y, \quad c+a=z \qquad (2.3.1)$$

那么联立得到

$$\begin{cases} a=\dfrac{z+x-y}{2} \\ b=\dfrac{x+y-z}{2} \\ c=\dfrac{y+z-x}{2} \end{cases}$$

$$(2.3.2)$$

现在令 $a+b+c=\dfrac{1}{2}$，那么由式（2.3.1）得到

$$x + y + z = 1 \tag{2.3.3}$$

将式（2.3.3）代入式（2.3.2），整理得到

$$a = \frac{1}{2} - y, \ b = \frac{1}{2} - z, \ c = \frac{1}{2} - x \tag{2.3.4}$$

将式（2.3.1）和式（2.3.4）代入原不等式，

$$\frac{c}{a+b} + \frac{a}{b+c} + \frac{b}{c+a} = \frac{\frac{1}{2}-x}{x} + \frac{\frac{1}{2}-y}{y} + \frac{\frac{1}{2}-z}{z} = \frac{1}{2}\left(\frac{1}{x} + \frac{1}{y} + \frac{1}{z}\right) - 3 \tag{2.3.5}$$

由例 1 证明的不等式以及式（2.3.3）得到

$$\frac{1}{x} + \frac{1}{y} + \frac{1}{z} \geqslant \frac{9}{x+y+z} = 9 \tag{2.3.6}$$

将式（2.3.6）代入式（2.3.5），原不等式得证。

上述证明过程中，我们令 $a + b + c = \frac{1}{2}$，为什么可以有这样的假设？

实际上，我们可以令 $a + b + c = \frac{1}{2}$，也可以令 $a + b + c = 1$，或者 $a^2 + b^2 + c^2 = 1$，或者 $abc = 3$，前提条件是原不等式为齐次不等式，且在假设的等式中 a、b、c 这 3 个变量轮换对称。以假设 $a + b + c = 1$ 为例。因为 a、b 和 c 均大于 0，设实际上 $a + b + c = k$，易知 $k > 0$。

设 $a' = \frac{a}{k}$，$b' = \frac{b}{k}$，$c' = \frac{c}{k}$，代入原不等式，得到

$$\frac{c}{a+b} + \frac{a}{b+c} + \frac{b}{c+a}$$
$$= \frac{kc'}{ka'+kb'} + \frac{ka'}{kb'+kc'} + \frac{kb'}{kc'+ka'}$$
$$= \frac{c'}{a'+b'} + \frac{a'}{b'+c'} + \frac{b'}{c'+a'} \geqslant \frac{3}{2}$$

我们看到，换元以后，不等式的形式并没有发生变化，或者说，不等式没有失去其一般性，而此时我们多了一个 $a' + b' + c' = \frac{a+b+c}{k} = 1$ 的条件。对于其他假设的情况，比如令 $abc = 1$，我们在换元之后同样可以得到形式不变、不失一般性的不等式。**这样的一个过程我们称为齐次不等式的归一化（normalization）。通过对齐次不等式的归一化，我们可以利用这个等量关系来简化不等式的求解或者证明过程。**

例 3：证明当所有 a、b 和 c 均大于 0 时，

课堂上来不及思考的数学 2：挑战思维极限

$$\sqrt{(a^2b+b^2c+c^2a)(ab^2+bc^2+ca^2)} \geq abc + \sqrt[3]{(a^3+abc)(b^3+abc)(c^3+abc)}$$

解：

这也是一个齐次不等式，不等式两边都是三次式。根据归一化的原则，我们可以令 $abc=1$，这样原不等式变形为

$$\sqrt{\left(\frac{a}{c}+\frac{b}{a}+\frac{c}{b}\right)\left(\frac{b}{c}+\frac{c}{a}+\frac{a}{b}\right)} \geq 1 + \sqrt[3]{\left(\frac{a^2}{bc}+1\right)\left(\frac{b^2}{ca}+1\right)\left(\frac{c^2}{ab}+1\right)}$$

令 $x=\dfrac{a}{b}$，$y=\dfrac{b}{c}$，$z=\dfrac{c}{a}$，易知 $xyz=1$，代入不等式并换元后得到

$$\sqrt{(xy+yz+zx)(x+y+z)} \geq 1 + \sqrt[3]{\left(\frac{x}{z}+1\right)\left(\frac{y}{x}+1\right)\left(\frac{z}{y}+1\right)}$$

由 $xyz=1$，我们可以把根号下的两个代数式展开变形为

$$(xy+yz+zx)(x+y+z) = (x+y)(y+z)(z+x) + xyz$$
$$= (x+y)(y+z)(z+x) + 1 \qquad (2.3.7)$$

$$\left(\frac{x}{z}+1\right)\left(\frac{y}{x}+1\right)\left(\frac{z}{y}+1\right) = \left(\frac{x+z}{z}\right)\left(\frac{y+x}{x}\right)\left(\frac{z+y}{y}\right)$$
$$= (x+y)(y+z)(z+x) \qquad (2.3.8)$$

设

$$p = \sqrt[3]{(x+y)(y+z)(z+x)} \qquad (2.3.9)$$

易知 $p > 0$，根据式（2.3.7）和式（2.3.8），原不等式变形为

$$\sqrt{p^3+1} \geq 1+p \Leftrightarrow (p^3+1)-(1+p)^2 = p(p+1)(p-2) \geq 0 \qquad (2.3.10)$$

我们对式（2.3.9）使用算术平均值和几何平均值的不等式关系，得到

$$p = \sqrt[3]{(x+y)(y+z)(z+x)} \geq \sqrt[3]{2\sqrt{xy} \cdot 2\sqrt{yz} \cdot 2\sqrt{zx}} = 2$$

所以，不等式（2.3.10）成立，原不等式因此得证。

和齐次不等式相对应，很多时候我们面对的是非齐次不等式，在某些情况下，我们得到了一些额外的等量关系。当这种等量关系对于未知数呈轮换对称时，我们可以利用这种等量关系将非齐次不等式转换成齐次不等式进行求解和证明，这个过程我们称为非齐次不等式的齐次化（homogenization）。非齐次不等式的齐次化和齐次不等式的归一化是一对逆操作。

我们来看一个简单的例子。

例 4：对于正实数 a 和 b 有 $a+b=1$，试证明

$$\frac{a^2}{a+1}+\frac{b^2}{b+1}\geq\frac{1}{3}$$

解：

这个不等式不是一个齐次不等式，不等式右边为常数，是 0 次式；不等式左边的分子部分为二次式，分母部分为一次式和常数之和。此外，已知有等量关系 $a+b=1$。

我们来具体看看齐次化的做法：首先用 $a+b$ 取代左边分母中的常数 1，使得分母变成一次式；然后将分母乘上 $(a+b)$，这样分母变成了二次式，整个不等式左边变成了 0 次式，和右边相同。不等式变成了齐次不等式：

$$\frac{a^2}{a+1}+\frac{b^2}{b+1}\geq\frac{1}{3}\Leftrightarrow\frac{a^2}{(a+b)(a+a+b)}+\frac{b^2}{(a+b)(b+a+b)}\geq\frac{1}{3}$$

展开、整理（过程略去）后得到

$$a^4+b^4\geq 2a^2b^2$$

显然是算术平均值和几何平均值的不等式关系，原不等式得证。

看到这里，你可能会问：齐次化以后，不等式似乎变得更加复杂了，这个做法是不是反而"化简为繁"了？

从代数式的形式上来看，齐次化以后确实变得更加复杂了，但考虑到通常在不等式的求解和证明过程中，我们所依赖的平均值不等式都是齐次的，而更为复杂一些的柯西－施瓦茨（Cauchy-Schwarz）不等式、延森（Jensen）不等式也是齐次的，所以将非齐次不等式齐次化之后，我们会有更多的机会发现待证明的不等式和我们所熟悉的基本不等式之间的关系。

例 5：如果 $abcd=1$，求证 $a^5+b^5+c^5+d^5\geq a+b+c+d$。

解：

这个不等式的左边为五次式，右边为一次式，等量关系的左边为四次式，所以很自然地，我们可以想到在不等式的右边乘上 $abcd$，这样不等式被转化为五次齐次不等式：

$$a^5+b^5+c^5+d^5\geq abcd(a+b+c+d)$$

即

$$a^5+b^5+c^5+d^5\geq a^2bcd+ab^2cd+abc^2d+abcd^2 \tag{2.3.11}$$

接下来的证明很简单，还是基于基本的算术平均值和几何平均值的不等式关系，只不过需要一点点巧妙的设计。

考虑 a^5、a^5、b^5、c^5 和 d^5 这 5 个数字，由算术平均值和几何平均值的不等式

关系有

$$\frac{a^5+a^5+b^5+c^5+d^5}{5} \geqslant \sqrt[5]{a^5 \cdot a^5 \cdot b^5 \cdot c^5 \cdot d^5} = a^2bcd$$

轮换 a、b、c、d 这 4 个未知数，我们同样得到

$$\frac{a^5+b^5+b^5+c^5+d^5}{5} \geqslant ab^2cd$$

$$\frac{a^5+b^5+c^5+c^5+d^5}{5} \geqslant abc^2d$$

$$\frac{a^5+b^5+c^5+d^5+d^5}{5} \geqslant abcd^2$$

这 4 个不等式同时在 $a = b = c = d$ 时取等号。把这 4 个不等式加起来，就得到了式（2.3.11），原题得证。

本节术语

加权平均数： 加权平均数与算术平均数类似，不同点在于，数据中的每个点对于平均数的贡献并不是相等的。如果所有数据点的权重相同，那么加权平均数与算术平均数相同。

平均值不等式： 又称为均值不等式、平均不等式。对于一组正数，其调和平均值（HM）不超过几何平均值（GM），几何平均值不超过算术平均值（AM），算术平均值不超过平方平均值（QM），即 HM ≤ GM ≤ AM ≤ QM。

齐次不等式和非齐次不等式： 不等式两边的代数式的幂相等，这样的不等式被称为齐次不等式，否则称为非齐次不等式。通过对变量进行轮换对称的归一化处理，齐次不等式可以得到较为简明的证明。当非齐次不等式的变量存在轮换对称的等量条件时，也可以通过齐次化将其转化为齐次不等式求解。

齐次不等式的归一化： 当不等式为齐次式时，可假设某些未知数呈轮换对称的等量关系。利用等量关系不仅可以简化式子，而且增加了条件，可以帮助解决问题。

非齐次不等式的齐次化： 利用未知数呈轮换对称的等量关系将非齐次不等式转换成齐次不等式，可以简化求解和证明过程。

破译密码的律师

《达·芬奇密码》的书迷和影迷一定对罗伯特·兰登这一名字有着深刻的印象，这位在哈佛大学担任宗教象征和符号学教授的男主角有着天才一般的大脑和过目不忘的记忆力，他一边与警方周旋，一边对案件展开调查，通过索尼埃留在卢浮宫地板上的独特信息，凭借自己渊博的宗教和符号学知识，抽丝剥茧，解开了一个又一个密码，最终揭开了某个宗教团体一直守护着的秘密。

罗伯特·兰登是丹·布朗笔下虚构的人物，但是，就在《达·芬奇密码》故事发生的背景地之一法国，在 16 世纪，确实生活着一位博学多才的律师，他利用自己的符号学和数学知识破译了西班牙国王和密使之间在通信时使用的密码，帮助法国在两年之内打败了西班牙，结束了法国宗教战争。这位传奇律师就是弗朗索瓦·韦达（François Viète）。

1589 年 10 月，一封密信的副本被送到法国国王亨利四世的面前，这是一封派往马耶纳公爵身边的西班牙密使莫雷奥指挥官写给西班牙国王腓力二世的信件，信中内容被某种编码加密，无法直接阅读。韦达此时正担任亨利四世的私人顾问，因为他出色的数学知识，他承担了破译此密信的任务。

韦达的破译工作从通用的技术开始。首先，通过对同一信使来源的不同副本进行比较，找到那些意义相同的符号。其次，找出那些没有被加密的阿拉伯数字，比如，在密文"12 m 38 13"中，12 和 13 很可能没有被加密，表示的是数字本来的意思，而它们之间的"m 38"就很有可能表示的是"ou"（法语：或），连起来就是"12 或 13"的意思。再比如，数字 4000 和 500 在同一段密文中出现，这两个数字后面跟着的符号则很可能分别表示"步兵"和"马"，因为这个步兵和骑兵的比例是当时西班牙军队常见的建制。然后是信件开头的格式用语，很可能表示的是诸如"抄送"或者"备忘"这样的常用语。接着则是词频分析，比如韦达注意到在法语、西班牙语和意大利语中很少出现 3 个连续的辅音，换句话说，连续的 3 个符号组（三元组）中很可能至少包括一个元音。进一步，如果从密文中找到 5 个相互不重复的三元组，则每个三元组都会包含一个不同的元音。

通过韦达的推理和分析，密信最后被成功破译——在信中莫雷奥建议腓力二世将帕尔马公爵的军队转移到法国参战。因为知晓了这个计划，亨利四世提前进行部署，赢得了一场关键性战役的胜利。

韦达不仅帮助法国结束了宗教战争，他更是 16 世纪最有影响力的数学家之一，被誉为"代数学之父"。韦达是第一位有意识地、系统地在数学中使用符号的人，比如使用 x 和 y 这些字母来表示未知数，使用 a 和 b 这样的字母来表示系数。此外，韦达还得出了关于圆周率的无穷计算公式。

在韦达的数学成就中，最为我们所熟知的就是表示代数方程根与系数之间关系的韦达定理。

对于一元二次方程，设 x_1 和 x_2 分别为方程 $ax^2 + bx + c = 0$ 的两个根，根据韦达定理，有 $x_1 + x_2 = -\dfrac{b}{a}$ ，$x_1 x_2 = \dfrac{c}{a}$ 。

这是我们在初中课本上学习到的内容。但实际上，韦达定理也适用于更高阶次的多项式方程。比如对于一元三次方程，设 x_1、x_2 和 x_3 分别为方程 $ax^3 + bx^2 + cx + d = 0$ 的 3 个根，根据韦达定理，有 $x_1 + x_2 + x_3 = -\dfrac{b}{a}$ ，$x_1 x_2 + x_2 x_3 + x_3 x_1 = \dfrac{c}{a}$ ，$x_1 x_2 x_3 = -\dfrac{d}{a}$ 。

更为一般的表达是，设一元 n 次方程 $a_n x^n + a_{n-1} x^{n-1} + \cdots + a_1 x + a_0 = 0$ 的 n 个根分别为 $x_1, x_2, \cdots, x_n$ ，根据韦达定理，有

$$\begin{cases} x_1 + x_2 + \cdots + x_{n-1} + x_n = -\dfrac{a_{n-1}}{a_n} \\ (x_1 x_2 + x_1 x_3 + \cdots + x_1 x_n) + (x_2 x_3 + x_2 x_4 + \cdots + x_2 x_n) + \cdots + x_{n-1} x_n = \dfrac{a_{n-2}}{a_n} \\ \quad \vdots \\ x_1 x_2 \cdots x_n = (-1)^n \dfrac{a_0}{a_n} \end{cases}$$

在这些关系式中，等号右边都是系数常数表达式，左边依次为 n 个根组成的 1 次、2 次……n 次表达式，所以这些关系式都不是齐次等式。不过，如果我们仔细观察，可以发现在第一个关系式的左侧，每个根都出现了一次；在第二个关系式

的左侧，每两个根的乘积都出现了一次……依此类推，最后一个关系式的左侧是所有根的乘积，当然，也仅出现了一次。

类似这样的表达式，我们称为关于 x_i 的轮换或者对称表达式。

轮换和对称的概念，和齐次一样，最初来自多项式，同时也常见于不等式。轮换不等式和对称不等式的特点有所不同，在应用时我们一定要注意区分，避免错用。

简单来说，对于多项式 $f(x_1, x_2, \cdots, x_n)$，**轮换**（cyclic permutation）**是指对于变量** $x_1, x_2, \cdots, x_n$ **的任何一个轮换排列** $x_i, x_{i+1}, \cdots, x_n, x_1, x_2, \cdots, x_{i-1}$，**都有** $f(x_i, x_{i+1}, \cdots, x_n, x_1, x_2, \cdots, x_{i-1}) = f(x_1, x_2, \cdots, x_n)$。

这里，变量 $x_1, x_2, \cdots, x_n$ 就像一串首尾相连（x_n 和 x_1 相连）的项链上，在顺时针（或逆时针）方向以顺序 1 到 n 排序的珠子，它的一个轮换排列就像在某一个位置将该项链剪开，同样以顺时针（或逆时针）的方向依次得到的变量的排列。

如图 2.4.1 所示，从 x_1 和 x_2 之间的某处"剪开"后，我们得到了 $x_1, x_2, \cdots, x_n$ 的一个轮换排列 $x_2, x_3, \cdots, x_n, x_1$。

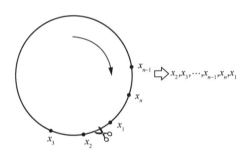

图 2.4.1　轮换排列图示

注意，排列的开始变量可以任意选定，但轮换排列的变量顺序保持不变。所以对于有 n 个变量的多项式而言，其可能的轮换排列只有 n 个。

和轮换不同，对于多项式 $f(x_1, x_2, \cdots, x_n)$，对称（symmetric）是指对于将变量 $x_1, x_2, \cdots, x_n$ 中的任何一对变量 x_i 和 x_j 互换位置之后得到的对称排列 $x_1, x_2, \cdots, x_{i-1}, x_j, x_{i+1}, \cdots, x_{j-1}, x_i, x_{j+1}, \cdots, x_n$，都有 $f(x_1, x_2, \cdots, x_{i-1}, x_j, x_{i+1}, \cdots, x_{j-1}, x_i, x_{j+1}, \cdots, x_n) = f(x_1, x_2, \cdots, x_n)$。

和轮换不同，在位置互换的操作中，原排列中变量的轮换顺序发生了变化；而且因为等式的传递性，通过多次对称操作可以得到变量 $x_1, x_2, \cdots, x_n$ 的任意排列

（permutation）。所以理论上，对于有 n 个变量的多项式而言，其可能的对称排列有 $P(n) = n!$ 个。

以 3 个变量 a、b 和 c 为例，排列 (a, b, c) 可能的轮换排列为 (b, c, a) 和 (c, a, b)，可能的对称排列为 (b, a, c)、(c, b, a)、(a, c, b)、(b, c, a) 和 (c, a, b)。当然，因为多项式各项通过加号组合在一起，所以经过合并同类项以及按变量顺序降幂排列后，实际上得到的轮换多项式和对称多项式的数目都没有理论上排列的数目那么多。

对于三元多项式 $a^3 + b^3 + c^3$ 来说，如果将 3 个变量 a、b 和 c 进行轮换操作或者对称操作，得到的多项式恒等于原多项式 $a^3 + b^3 + c^3$。换句话说，$a^3 + b^3 + c^3$ 是轮换多项式，也是对称多项式。

对于另一个三元多项式 $a^2b + b^2c + c^2a$ 来说，如果将 3 个变量 a、b 和 c 进行轮换操作，得到的多项式恒等于原多项式 $a^2b + b^2c + c^2a$，所以 $a^2b + b^2c + c^2a$ 是轮换多项式；如果将变量 a 和 b 进行对称操作，得到的多项式 $b^2a + a^2c + c^2b$ 和原多项式不恒等，所以 $a^2b + b^2c + c^2a$ 不是对称多项式。

我们再来看看 $a^2b + b^2a + b^2c + c^2b + c^2a + a^2c$，不论进行轮换操作还是对称操作，我们得到的新多项式都和原多项式恒等。因此，这个三元多项式既是轮换多项式，又是对称多项式。

从以上的例子可以看出，轮换多项式不一定是对称多项式，而对称多项式一定是轮换多项式。这是因为，任何一个轮换排列都可以通过多次对称操作得到，而一个通过多次对称操作得到的排列，或者说变量的任何一个排列，却不一定能够通过一次或者多次轮换操作得到。例如，轮换排列 (b, c, a) 可以通过两次对称操作 $(a, b, c) \Rightarrow (b, a, c) \Rightarrow (b, c, a)$ 来实现；而对称排列 (b, a, c) 则无法通过对 (a, b, c) 进行轮换操作来得到，因为对称操作改变了变量之间的排列顺序，而轮换操作过程中排列顺序是不变的。

在不等式的证明中，我们常常对变量之间的大小关系进行一些假设，这些假设既简化了解题的过程，又保有了原题的一般性，即我们常说的"不失一般性"（Without Loss Of Generality，WLOG）。

比如对于算术平均值和几何平均值（AM-GM）的不等式 $a^3 + b^3 + c^3 \geqslant 3abc$，可以设 $a \geqslant b \geqslant c$，因为不等式两边都是对称多项式，第一个变量大于或等于第二个变量大于或等于第三个变量这种情况一定会出现在某种 (a, b, c) 的对称排列中，而这种对称排列下的多项式和原多项式恒等，所以这样的假设是不失一般性的。

但对于 $a^3 + b^3 + c^3 \geq a^2b + b^2c + c^2a$ 来说，因为不等式右边只是个轮换多项式，$a \geq b \geq c$ 的假设并不总是成立，还存在着 $a \geq c \geq b$ 的可能，无法通过轮换操作得到第一个变量大于或等于第二个变量大于或等于第三个变量这种情况，所以 $a \geq b \geq c$ 的假设对于不等式来说是一个额外的限定条件，这样的假设使得证明过程失去了一般性。对于轮换多项式，不失一般性的做法，可以假设 a 是 a、b 和 c 中最大的一个，即 $a = \max(a, b, c)$。因为轮换操作可以使得每个变量都有机会成为某个轮换排列的第一个变量，所以这样的假设对于轮换不等式来说不失一般性。

我们来看一个具体的例子：试证明或者否定 $x^2(y-z) + y^2(z-x) + z^2(x-y) \geq 0$。

这个不等式左边是个轮换多项式，如果我们误用了对对称多项式有效的假设，比如设 $x \geq y \geq z$，通过整理可以得到 $(x-y)(y-z)(x-z) \geq 0$，根据假设，这个不等式显然成立。然而，如果我们把 $x = 1, y = -1, z = 0$ 代入，就知道原不等式并不总是成立的。

在进一步说明常见的轮换不等式和对称不等式的解法之前，我们先对使用的符号和术语进行约定和说明。

对于 n 元 m 次单项式，我们用 $(p_1, p_2, \cdots, p_n)$ 来表示各个变量的幂，并且 $p_1 + p_2 + \cdots + p_n = m$。比如三元四次单项式 $(4, 0, 0)$ 表示 a^4，$(1, 1, 2)$ 表示 abc^2。同时，我们用 $\sum_{\text{cyc}}$ 来表示某个单项式的所有轮换形式之和的多项式，用 $\sum_{\text{sym}}$ 来表示某个单项式的所有对称形式之和的多项式。比如 $\sum_{\text{cyc}}(1, 2, 1)$ 表示 $ab^2c + bc^2a + ca^2b$，$\sum_{\text{sym}}(2, 1, 1)$ 表示 $a^2bc + b^2ca + c^2ab + a^2cb + c^2ba + b^2ac$。

因为对于 n 个变量的多项式而言，其可能的对称排列有 $P(n) = n!$ 个，涵盖了 n 个变量全部可能的排列，所以对于对称多项式来说，$\sum_{\text{sym}}(2, 1, 1)$ 和 $\sum_{\text{sym}}(1, 2, 1)$ 及 $\sum_{\text{sym}}(1, 1, 2)$ 表示的多项式是全等的。为了便于表达，我们可以约定括号内各变量的幂始终用降序来表示，即用 $\sum_{\text{sym}}(2, 1, 1)$ 就可以表示 $\sum_{\text{sym}}(1, 2, 1)$ 和 $\sum_{\text{sym}}(1, 1, 2)$。但对于轮换排列而言，有 n 个变量的多项式其可能的轮换排列只有 n 个。所以在大多数情况下，括号内各变量的幂的不同顺序代表着不同的轮换多项式，比如 $\sum_{\text{cyc}}(2, 1, 0)$ 和 $\sum_{\text{cyc}}(2, 0, 1)$ 就不是同一个多项式，前者表示 $a^2b + b^2c + c^2a$，而后者表示 $a^2c + b^2a + c^2b$。

我们从简单的算术平均值和几何平均值的不等式关系出发，

$$\frac{a^2+b^2}{2} \geqslant ab$$

如果在算术平均中加一项 a^2，不等式变成

$$\frac{2}{3}a^2 + \frac{1}{3}b^2 = \frac{a^2+a^2+b^2}{3} \geqslant \sqrt[3]{a^4 b^2} = a^{\frac{4}{3}} b^{\frac{2}{3}}$$

类似地，可以有

$$\frac{2}{5}a^3 + \frac{1}{5}b^3 + \frac{2}{5}c^3 = \frac{a^3+a^3+b^3+c^3+c^3}{5} \geqslant \sqrt[5]{a^6 b^3 c^6} = a^{\frac{6}{5}} b^{\frac{3}{5}} c^{\frac{6}{5}}$$

我们发现，左边的算术平均各个变量的系数之和为 1，右边的几何平均各个变量的幂等于左边算数平均相应变量的幂乘其系数。**这个不等式我们也称为加权算术几何平均不等式**（weighted AM-GM）。

下面我们利用加权 AM-GM 来证明 $\sum_{cyc}(3,0,0) \geqslant \sum_{cyc}(2,1,0)$，即 $a^3+b^3+c^3 \geqslant a^2 b + b^2 c + c^2 a$。因为不等式右边为三次式，两个变量的幂之比为 $2:1$，所以根据加权 AM-GM 有

$$\frac{2}{3}a^3 + \frac{1}{3}b^3 \geqslant a^2 b$$

轮换，得到

$$\frac{2}{3}b^3 + \frac{1}{3}c^3 \geqslant b^2 c$$

$$\frac{2}{3}c^3 + \frac{1}{3}a^3 \geqslant c^2 a$$

将 3 个不等式相加，得到

$$a^3 + b^3 + c^3 \geqslant a^2 b + b^2 c + c^2 a$$

即 $\sum_{cyc}(3,0,0) \geqslant \sum_{cyc}(2,1,0)$。

类似地，对于 $\sum_{cyc}(5,0,0,0) \geqslant \sum_{cyc}(1,3,0,1)$，我们可以设计加权 AM-GM，

$$\frac{1}{5}a^5 + \frac{3}{5}b^5 + \frac{1}{5}d^5 \geqslant ab^3 d$$

轮换，将 4 个不等式加起来，可以得到 $a^5 + b^5 + c^5 + d^5 \geqslant ab^3 d + bc^3 a + cd^3 b + da^3 c$，即 $\sum_{cyc}(5,0,0,0) \geqslant \sum_{cyc}(1,3,0,1)$。

不难发现，对于 n 元 m 次轮换多项式 $\sum_{cyc}(p_1, p_2, \cdots, p_n)$，$\sum_{cyc}(m,0,\cdots,0)$ 是其中最大的一个，而 $\sum_{cyc}(\frac{m}{n}, \frac{m}{n}, \cdots, \frac{m}{n})$ 是其中最小的一个。以 $m=n=3$ 为例，$a^3 +$

$b^3 + c^3 \geqslant (a^2b + b^2c + c^2a \text{ 或 } a^2c + b^2a + c^2b) \geqslant abc + bca + cab = 3abc$，即 $\sum_{cyc}(3,0,0) \geqslant \left[\sum_{cyc}(2,1,0) \text{ 或 } \sum_{cyc}(2,0,1)\right] \geqslant \sum_{cyc}(1,1,1)$。

下面我们抛开 $\sum_{cyc}(m,0,\cdots,0)$，来看看其他轮换多项式之间的不等式关系。

以 $\sum_{cyc}(4,1,0) \geqslant \sum_{cyc}(3,1,1)$，即 $a^4b + b^4c + c^4a \geqslant a^3bc + b^3ca + c^3ab$ 为例，我们同样需要设计一个加权算术平均值和几何平均值，

$$\frac{9}{13}a^4b + \frac{1}{13}b^4c + \frac{3}{13}c^4a \geqslant a^{\frac{9\times4}{13}+\frac{3}{13}}b^{\frac{9}{13}+\frac{4}{13}}c^{\frac{1}{13}+\frac{3\times4}{13}} = a^3bc$$

类似地，轮换后将 3 个不等式加起来，即得 $\sum_{cyc}(4,1,0) \geqslant \sum_{cyc}(3,1,1)$。

问题是，这个式子中算术平均部分的系数 $\frac{9}{13}$、$\frac{1}{13}$ 和 $\frac{3}{13}$ 并不是那么直观，它们是如何得到的呢?

我们需要将左边的 a^4b、b^4c 和 c^4a，通过某种线性组合得到右边的 a^3bc，设其系数分别为 x、y 和 z，用矩阵表示，即

$$\begin{pmatrix} 4 & 0 & 1 \\ 1 & 4 & 0 \\ 0 & 1 & 4 \end{pmatrix} \begin{pmatrix} x \\ y \\ z \end{pmatrix} = \begin{pmatrix} 3 \\ 1 \\ 1 \end{pmatrix}$$

矩阵的每一行代表一个变量，每一列为不等式左边变量的幂，两个列向量分别代表系数向量和不等式右边某项的变量幂向量。我们也可以用线性方程组来表示，即

$$\begin{cases} 4x + z = 3 \\ x + 4y = 1 \\ y + 4z = 1 \end{cases}$$

解得 $x = \frac{9}{13}$，$y = \frac{1}{13}$，$z = \frac{3}{13}$。

又比如 $\sum_{cyc}(4,2,0) \geqslant \sum_{cyc}(2,3,1)$，我们可以类似地通过解线性方程组得到加权算术平均值和几何平均值，

$$\frac{1}{2}a^4b^2 + \frac{1}{2}b^4c^2 + 0 \times c^4a^2 \geqslant a^2b^3c$$

轮换，相加后即得 $\sum_{cyc}(4,2,0) \geqslant \sum_{cyc}(2,3,1)$。

一个单项式对应的对称多项式，实际上是它对应的所有顺序的轮换多项式之

和。比如三元齐次多项式只有 $\dfrac{3!}{3} = 2$ 种轮换顺序，$\sum_{\text{sym}}(2, 1, 0) = a^2b + b^2c + c^2a + ab^2 + bc^2 + ca^2$，其中 $\sum_{\text{cyc}}(2, 1, 0) = a^2b + b^2c + c^2a$，$\sum_{\text{cyc}}(2, 0, 1) = a^2c + b^2a + c^2b$，所以 $\sum_{\text{sym}}(2, 1, 0) = \sum_{\text{cyc}}(2, 1, 0) + \sum_{\text{cyc}}(2, 0, 1)$。

四元齐次多项式的情况要复杂一些，它有 $\dfrac{4!}{4} = 6$ 种轮换顺序。以 a、b、c 和 d 这 4 个变量为例，这 6 种顺序的排列分别为 $abcd$、$abdc$、$acbd$、$adcb$、$bacd$、$dbca$。这 6 种顺序的排列互相之间无法通过轮换操作得到，而只能通过对称操作得到。

n 元 m 次单项式共有 $\dfrac{n!}{n}$ 种轮换顺序，对于每种顺序，轮换多项式之间都存在特定的不等式关系。比如上述的 $\sum_{\text{cyc}}(3, 0, 0) \geqslant \sum_{\text{cyc}}(2, 1, 0)$，同样我们可以得到 $\sum_{\text{cyc}}(3, 0, 0) \geqslant \sum_{\text{cyc}}(2, 0, 1)$，这样 $2\sum_{\text{cyc}}(3, 0, 0) \geqslant \sum_{\text{cyc}}(2, 1, 0) + \sum_{\text{cyc}}(2, 0, 1)$，即 $\sum_{\text{sym}}(3, 0, 0) \geqslant \sum_{\text{sym}}(2, 1, 0)$，即 $2(a^3 + b^3 + c^3) \geqslant (a^2b + b^2c + c^2a + a^2c + b^2a + c^2b)$。

再比如上述的 $\sum_{\text{cyc}}(4, 1, 0) \geqslant \sum_{\text{cyc}}(3, 1, 1)$，同样我们可以得到 $\sum_{\text{cyc}}(4, 0, 1) \geqslant \sum_{\text{cyc}}(3, 1, 1)$，这样 $\sum_{\text{cyc}}(4, 1, 0) + \sum_{\text{cyc}}(4, 0, 1) \geqslant 2\sum_{\text{cyc}}(3, 1, 1)$，即 $\sum_{\text{sym}}(4, 1, 0) \geqslant \sum_{\text{sym}}(3, 1, 1)$，即 $a^4b + b^4c + c^4a + a^4c + b^4a + c^4b \geqslant 2(a^3bc + b^3ca + c^3ab)$。

这样，轮换不等式和对称不等式就得到了形式上的统一。一般来说，可以根据变量轮换的不同顺序，将对称不等式分解成多个轮换不等式，对轮换不等式进行证明后，再将它们相加，从而得到需要证明的对称不等式关系。

最后，值得提醒的是，在对不等式进行相加操作时，一定要注意各个不等式取等号的条件是否有交集，否则相加后的不等式只能取大于符号或者小于符号。对于一般的轮换不等式而言，各不等式取等号的条件为各变量相等，这个条件对各个不等式都适用，所以相加后的对称不等式仍然可以取等号，取等号的条件仍然为各变量相等。

一元 n 次方程的韦达定理：韦达定理给出了多项式方程的根与系数之间的关系式，在无须求得每个根的具体数值的情况下，可以快速求出方程根与系数之间的关系。

轮换多项式：是指对于变量 $x_1, x_2, \cdots, x_n$ 的任何一个轮换排列 $x_i, x_{i+1}, \cdots, x_n, x_1, x_2, \cdots, x_{i-1}$，多项式 $f(x)$ 都有 $f(x_i, x_{i+1}, \cdots, x_n, x_1, x_2, \cdots, x_{i-1}) = f(x_1, x_2, \cdots, x_n)$。

对称多项式：是指对于将变量 $x_1, x_2, \cdots, x_n$ 中的任何一对变量 x_i 和 x_j 互换位置之后得到的对称排列 $x_1, x_2, \cdots, x_{i-1}, x_j, x_{i+1}, \cdots, x_{j-1}, x_i, x_{j+1}, \cdots, x_n$，多项式 $f(x)$ 都有 $f(x_1, x_2, \cdots, x_{i-1}, x_j, x_{i+1}, \cdots, x_{j-1}, x_i, x_{j+1}, \cdots, x_n) = f(x_1, x_2, \cdots, x_n)$。

加权算术几何平均不等式：设 $x_1, x_2, \cdots, x_n$ 和 $p_1, p_2, \cdots, p_n$ 为正实数，并且 $p_1 + p_2 + \cdots + p_n = 1$，那么有

$$p_1 x_1 + p_2 x_2 + \cdots + p_n x_n \geq x_1^{p_1} x_2^{p_2} \cdots x_n^{p_n}$$

第 **3** 章
图形的代数

与上一章出自同一句格言，索菲·热尔曼眼中的几何则是"用图形表示的代数"。拿破仑三角形真是拿破仑发现的吗？为什么说托勒密地图让哥伦布发现了"新大陆"？日本寺庙悬挂的绘马上又隐藏着什么样的数学问题？在数学家眼中，苏必利尔湖的周长为什么是无穷大？在本章，你将通过学习相似和全等三角形、费马点（也称托里拆利点）、点和线的复数表示形式、托勒密定理、圆幂定理和根轴、黄金分割、笛卡儿定理、以及分形及其维度，找到这些问题的答案。

3.1 会美颜的画家

"Able was I ere I saw Elba."

—Napoléon Bonaparte

"在我看到厄尔巴岛之前，我曾无所不能。"

——拿破仑·波拿巴

　　大圣伯纳德山口的陡坡上，天色阴沉。一条小道蜿蜒伸向山顶的隘口，士兵们正推拉着辎重，在巨石间艰难地向山顶前进。在山间的一块小平地上，一匹战马双蹄跃起，年轻的法国第一执政官身披红色斗篷，左手拉住缰绳，右手指向高高的山峰，目光镇定而坚毅，充满着梦想和自信。

　　这就是法国画家雅克－路易·大卫（Jacques-Louis David）著名的画作《拿破仑翻越阿尔卑斯山》，画作上的拿破仑正带领着军队跨越阿尔卑斯山，前往意大利解救被围困在热那亚的法军。

　　大卫是拿破仑的御用画师，他笔下的拿破仑一直是威武、高大的形象。在这幅画的左下角，我们还可以看到三块石头，上面分别刻有 "BONAPARTE" "HANNIBAL" 和 "KAROLVS MAGNVS" 的字样。这三个人的名字，头一个是拿破仑，后两个分别是汉尼拔和查理大帝。大卫把拿破仑奔袭意大利和历史上迦太基统帅汉尼拔击败罗马人以及查理大帝征战意大利的战绩相媲美，其忠心表露无遗。

　　有时，历史是个任人打扮的"小姑娘"，而在画家的笔下，历史是最容易被"修图"和"美颜"的。很多历史学家指出，拿破仑当年跨越阿尔卑斯山时远没有画面上这么精神。首先，抄近道翻山越岭进入意大利，就是要给对手来个出其不意，作为军事奇才的拿破仑不可能穿着这么一件颜色鲜艳的斗篷摆姿势，生怕对方探马看不到他似的；其次，战马在平地上有很强的战斗力和冲击力，但在陡峭蜿蜒的山路上，战马远远没有毛驴或者骡子实用；最后，拿破仑奔袭意大利，目的是解救被围的法军，当时的心情一定是紧张和焦虑的，很难做到画面上这么淡定自如。

课堂上来不及思考的数学 2：挑战思维极限

当然，抄近道进入意大利的拿破仑最终在马伦戈会战中击败奥地利军队，决定了意大利战场的胜利。胜利者有权在画家笔下骑上白马、穿上红色斗篷、意气风发；胜利者同样有权在数学史上留下他的名字。

拿破仑是炮兵军官出身，所以他的几何学特别是三角学学得相当好。相传他在一次行军途中偶然思考到三角形的一个性质，他发现对于**任意三角形 ABC** 而言，从 3 条边分别向外做等边三角形，则 3 个等边三角形的 3 个中心 X、Y、Z 将形成一个新的等边三角形，这个等边三角形（图 3.1.1）就是著名的"**拿破仑三角形**"。

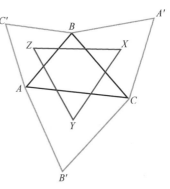

图 3.1.1　拿破仑三角形

美国数学教育家阿尔弗雷德·波萨门蒂尔（Alfred S. Posamentier）在《三角形的奥秘：一段数学旅程》中指出，拿破仑三角形的这个特性出现在出版物中，最早是在 1825 年英国数学家威廉·拉瑟福德（William Rutherford）的一本名为 *The ladies diary*（《女士日记》）的书中，而当时拿破仑已经去世 4 年了；甚至，拿破仑本人是否知道三角形的这一特性，目前来看都是存疑的。这么看来，说拿破仑最先发现了拿破仑三角形，很可能并不是事实，这恐怕也是所谓"美颜"的结果。

下面，我们来看看如何证明拿破仑三角形的这个特性。

既然是三角形，首先当然应该尝试纯几何的方法，这里需要用到全等三角形和相似三角形的性质。

设点 Z' 是点 Z 关于边 AB 的对称点，连接 ZZ'、ZA、ZB、XB、YA、$Z'A$、$Z'B$、$Z'X$ 和 $Z'Y$（图 3.1.2）。

因为 Z 是等边三角形 $\triangle ABC'$ 的中心，Z' 和 Z 关于 AB 对称，容易知道

$$\angle ZAB = \angle Z'AB = \angle ZBA = \angle Z'BA = 30°，$$

且 $|ZA| = |ZB| = |Z'A| = |Z'B|$，

所以，$\triangle AZZ'$ 和 $\triangle BZZ'$ 是两个全等的等边三角形。

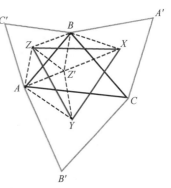

图 3.1.2　几何法证明拿破仑三角形

又因为，$\angle Z'AB = \angle YAC = 30°$，所以 $\angle BAC = \angle Z'AC + 30° = \angle Z'AY$。

同时，$|Z'A| = \dfrac{|BA|}{\sqrt{3}}$，$|YA| = \dfrac{|CA|}{\sqrt{3}}$，

所以，△ $Z'AY$ 相似于 △ BAC；同理，△ $BZ'X$ 相似于 △ BAC；又因为 $|Z'A| = |BZ'|$，所以 △ $Z'AY$ 与 △ $BZ'X$ 全等。

因此 $\angle Z'AY = \angle BZ'X$，$|YA| = |XZ'|$。

考虑 △ ZAY 和 △ $ZZ'X$，因为 $|ZA| = |ZZ'|$，$|YA| = |XZ'|$，

又因为 $\angle ZAY = \angle Z'AY + 60° = \angle BZ'X + 60° = \angle ZZ'X$，

所以 △ ZAY 和 △ $ZZ'X$ 全等，因此 $ZY = ZX$。

同理可得 $ZX = XY$，△ XYZ 为等边三角形，得证。

这个解法虽然只用到了纯粹的几何知识，但作了多条辅助线，需要证明两对三角形全等，显得有些复杂。

下面我们来看看使用三角函数的方法，其解题思路相对简单。这里需要用到余弦函数的和差公式，即 $\cos(\alpha + \beta) = \cos\alpha \cdot \cos\beta - \sin\alpha \cdot \sin\beta$；余弦定理，即三角形 3 条边和某个角的余弦之间的关系；以及用夹角正弦表示的三角形的面积公式。

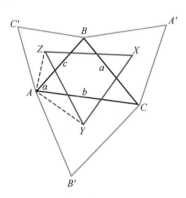

图 3.1.3　三角函数法证明拿破仑三角形

设 △ ABC 的 3 条边长度分别为 a、b 和 c，$\angle BAC$ 为 α。连接 ZA 和 YA，易知 $\angle ZAB = \angle YAC = 30°$（图 3.1.3）。

考虑 △ ZAY，根据余弦定理，

$$|ZY|^2 = |ZA|^2 + |YA|^2 - 2|ZA| \cdot |YA| \cdot \cos(\alpha + 60°)$$

$$= \frac{c^2}{3} + \frac{b^2}{3} - \frac{2}{3}bc\left(\frac{1}{2}\cos\alpha - \frac{\sqrt{3}}{2}\sin\alpha\right)$$

$$= \frac{c^2}{3} + \frac{b^2}{3} - \frac{1}{3}bc \cdot \cos\alpha + \frac{\sqrt{3}}{3}bc \cdot \sin\alpha \qquad (3.1.1)$$

考虑 △ BAC，根据余弦定理，

$$bc \cdot \cos\alpha = \frac{c^2 + b^2 - a^2}{2} \qquad (3.1.2)$$

根据正弦面积公式，

$$bc \cdot \sin\alpha = 2S_{\triangle ABC} \qquad (3.1.3)$$

将式（3.1.2）、式（3.1.3）代入式（3.1.1），得到

$$|ZY|^2 = \frac{c^2}{3} + \frac{b^2}{3} - \frac{1}{6}(c^2 + b^2 - a^2) + \frac{2\sqrt{3}}{3}S_{\triangle ABC}$$

即

$$|ZY|^2 = \frac{1}{6}(a^2 + b^2 + c^2) + \frac{2\sqrt{3}}{3}S_{\triangle ABC}$$

上式关于 a、b 和 c 对称，所以 $|ZY|^2 = |YX|^2 = |XZ|^2$，即 $\triangle XYZ$ 为等边三角形，得证。

我们知道，几何平面中的一个点也可以表示成复平面上的一个点或者一个复数，几何平面中的边等同于复平面上的一个无向向量；复平面上向量的旋转、拉伸、连接等操作可以通过复数的计算来表示；许多平面几何的问题，都可以通过复数运算得到比较简洁的解答。

拿破仑三角形同样也可以通过复平面的计算得以证明。

首先，如果顶点 A、B 和 C 是复平面上的一个等边三角形按照逆时针顺序排列的 3 个顶点，那么一定存在 $A + \omega B + \omega^2 C = 0$，其中 $\omega = \cos\frac{2\pi}{3} + i \cdot \sin\frac{2\pi}{3}$。

反之，如果有 $A + \omega B + \omega^2 C = 0$，那么 A、B 和 C 这 3 个点一定可以在复平面上构成一个等边三角形。

这个性质的证明很简单。

如图 3.1.4 所示，从单位圆三等分点的性质出发，易知 $1 + \omega + \omega^2 = 0$，将其改写为 $\omega^2 = -1 - \omega$。$A + \omega B + \omega^2 C = A + \omega B + (-1 - \omega)$ $C = (A - C) + \omega(B - C)$，其中 $A - C$ 为从顶点 C 指向顶点 A 的向量 $\overrightarrow{CA}$，$B - C$ 为从顶点 C 指向顶点 B 的向量 $\overrightarrow{CB}$。

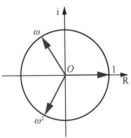

图 3.1.4　复平面上单位圆的三等分点

如果 $A + \omega B + \omega^2 C = (A - C) + \omega(B - C) = 0$，说明向量 $\overrightarrow{CA}$ 和向量 $\overrightarrow{CB}$ 的模相等，且从 $\overrightarrow{CA}$ 旋转到 $\overrightarrow{CB}$ 的角度为 $\frac{\pi}{3}$（图 3.1.5）。总结来说，$\triangle ABC$ 中的 $|CA| = |CB|$，且 $\angle ACB = \frac{\pi}{3}$，$\triangle ABC$ 为等边三角形。

在拿破仑三角形中，$C'AB$、BCA' 和 $AB'C$ 是 3 个向外所作等边三角形的顶点，且其排列顺序为逆时针顺序如图 3.1.3 所示，所以在复平面中存在

$$C' + \omega A + \omega^2 B = 0$$
$$B + \omega C + \omega^2 A' = 0$$
$$A + \omega B' + \omega^2 C = 0$$

同时，因为 Z、Y 和 X 分别为 $\triangle\, C'AB$、$\triangle\, AB'C$ 和 $\triangle\, BCA'$ 的中心，所以有

$$Z = \frac{C' + A + B}{3}$$

$$Y = \frac{A + B' + C}{3}$$

$$X = \frac{B + C + A'}{3}$$

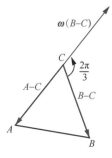

图 3.1.5　$\triangle\, ABC$ 为等边三角形的向量解释

现在我们来计算

$$Z + \omega Y + \omega^2 X = \frac{C' + A + B}{3} + \omega\,\frac{A + B' + C}{3} + \omega^2\,\frac{B + C + A'}{3}$$

整理后得到

$$Z + \omega Y + \omega^2 X = \frac{C' + \omega A + \omega^2 B}{3} + \frac{A + \omega B' + \omega^2 C}{3} + \frac{B + \omega C + \omega^2 A'}{3}$$

$$= 0 + 0 + 0$$

$$= 0$$

因此，$\triangle\, ZXY$ 也是一个等边三角形，得证。

除了向外作等边三角形，在 3 条边上分别向内作等边三角形可以得到另一个较小的拿破仑三角形（图 3.1.6）。

其证明方法类似于向外作三角形得到的拿破仑三角形的证明方法。

对于几何解法来说，同样可以将点 Z 对边 AB 向外作对称操作得到点 Z'，然后通过两对三角形的全等进行证明。三角函数解法更加直观一些，只不过向外作的 $\angle ZAY$ 等于 $\alpha + 60°$，而向内作的 $\angle ZAY$ 等于 $\alpha - 60°$ 或者 $60° - \alpha$，整个证明过程几乎完全相

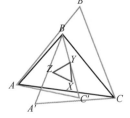

图 3.1.6　向内作等边三角形得到的拿破仑三角形

同，只有式子中正弦函数项以及后续的三角形面积项的符号相反，式子仍然具有对称性。而复数的解法除了顶点的逆时针顺序有所调整以外，和向外作三角形的解法几乎完全相同。有兴趣的读者可以自行证明。

拿破仑三角形还有以下有趣的性质。

（1）线段 AA'、BB' 和 CC' 长度相等，互相之间的锐角夹角为 60°，且三线共点 F。

（2）线段 AA' 垂直于线段 YZ，BB' 垂直于 ZX，CC' 垂直于 XY。

（3）3 个等边三角形 $\triangle ABC'$、$\triangle BCA'$ 和 $\triangle CAB'$ 的外接圆相交于一点，该点即线段 AA'、BB' 和 CC' 的交点 F。

这些性质中，最有意思的就是这个点 F 了。为什么叫它 F 呢？因为它和费马有关。

皮埃尔·德·费马（Pierre de Fermat）是数学史上的一个奇人，他出生在 17 世纪的法国，本职工作是一名律师。想必在那个年代律师就已经是一个很赚钱的职业了，所以费马有很多空闲时间可以用于他的业余爱好——数学研究之中。虽然人们称他为"业余数学家之王"，但实际上他的数学水平以及对数学的贡献丝毫不亚于那个年代任何一个知名的数学家。费马在数论、解析几何和概率论上都很有成就，著名的费马大定理、费马小定理即以他的名字命名。

据说某一天，费马给伽利略的学生、意大利物理学家托里拆利写了一封信，信中提出了这样一个问题：**在已知三角形的内部找到一个点，使得这个点到三角形 3 个顶点的距离之和为最小**。这样的一个点后来被人们称为**费马点**（也称托里拆利点）。

我们很容易发现，这个问题不仅是纯数学问题，而且有很强的实际应用价值。比如在 3 个村庄的中间建一个集市，要使得 3 个村庄与集市之间的距离之和最短。如果我们把 3 个点扩大到若干个点，对费马点的寻找就转化成现代物流中的最优选址问题。

下面我们来解决寻找费马点的问题。

如果只有两个点，问题很简单，两点间线段最短，所以这两个点之间线段上的每一个点都是费马点。现在扩大到不共线的 3 个点（即三角形的 3 个顶点），还能使用两点间线段最短的法则吗？答案是可以，但需要一点点技巧。

对于 $\triangle ABC$ 内的一个点 F，我们先将 AF、BF 和 CF 连接起来。我们将 $\triangle ABF$ 以 A 为旋转中心，逆时针旋转 60° 到 $\triangle AB'F'$ 的位置（图 3.1.7）。

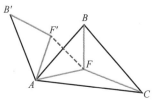

图 3.1.7　寻找费马点

易知，$|AB'| = |AB|$，$|B'F'| = |BF|$。同时，因为 $\angle F'AF = 60°$，$|AF'| = |AF|$，所以 $\triangle AFF'$ 是等边三角形，所以 $|FF'| = |AF|$。

由上述的等量关系，$|AF| + |BF| + |CF| = |FF'| + |B'F'| + |CF|$。式子右边的 3 条线段，即从点 C 到点 B' 的 3 条折线，要使得这 3 条折线的长度最短，则必须使得 B'、F'、F 和 C 这 4 个点共线，即 F 点必须存在于 $B'C$ 两点之间的线段上！

如果我们用相同的方法旋转 $\triangle BCF$，那么将得到另外一条线段，此线段和 $B'C$ 的交点，即为该三角形的费马点。

如果我们把 B 和 B' 连接起来，就可以发现 $\triangle ABB'$ 正是从边 AB 向外所作的等边三角形；如果同样对 BC 和 CA 作等边三角形，那么这正是向外拿破仑三角形的做法。根据拿破仑三角形的特性，三线交于一点，对于单个内角不超过 $120°$ 的三角形来说，此点正是费马点 F。

那么，为什么要加一个单个内角不超过 $120°$ 的限制？这是因为当 $\triangle ABC$ 中的某个内角超过 $120°$ 时，上述旋转方法得到的点将位于该顶点之外，4 个点已经无法共线，如图 3.1.8 所示。

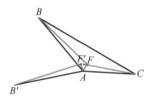

图 3.1.8　三角形中存在超过 $120°$ 内角的情况

设 $\angle BAC > 120°$，旋转得到 B'，因为 $\angle B'AB = 60°$，所以 $\angle BAC + \angle B'AB > 180°$，$B'$ 点位于直线 AC 下方，而存在于三角形内部的 F 点必然位于直线 AC 另一侧。因此我们无法简单地通过连接 $B'C$，得到一条经过 B'、F'、F 和 C 的直线。要使得这 3 条折线的长度和最短，F 只能尽可能地靠近 A 点，直至和 A 点重合。

因此，对于单一内角大于 $120°$ 的三角形，其费马点就是该钝角的顶点。当然，对于这样的三角形来说，拿破仑三角形的几个特性依然有效，只不过三线相交的那个点将位于三角形之外，三线的交点也不再是费马点了。

　　拿破仑关于厄尔巴岛的名言在英文翻译中是一句有趣的回文，你发现了吗？

本节术语

　　在△ABC中，角A、角B和角C的对边分别为a、b和c，三角形外接圆半径为R，面积为S。

三角形正弦定理： $\dfrac{a}{\sin A} = \dfrac{b}{\sin B} = \dfrac{c}{\sin C} = 2R$。

三角形余弦定理： $a^2 = b^2 + c^2 - 2bc \cdot \cos A$，$b^2 = c^2 + a^2 - 2ca \cdot \cos B$，$c^2 = a^2 + b^2 - 2ab \cdot \cos C$。特殊地，对于直角三角形，余弦定理即勾股定理。

三角形两边夹角正弦公式： $S = \dfrac{1}{2}ab \cdot \sin C = \dfrac{1}{2}bc \cdot \sin A = \dfrac{1}{2}ca \cdot \sin B$。

费马点： 给定△ABC内的一个点P，使得|PA| + |PB| + |PC|最小。

3.2 幸运的航海家

"For the execution of the voyage to the Indies, I did not make use of intelligence, mathematics or maps."

—Christopher Columbus

"在执行前往印度群岛的航行中，我并没有使用智力、数学或地图。"

——克里斯托弗·哥伦布

一阵冷风从甲板上吹过，给船舱里也带来了一丝寒意。

中年人双手撑在桌面上，似乎在靠桌子分担着站直身体所需的力量，他的眼睛则死死地盯着桌面上的一张地图，目光中充满着困惑和迷茫。

"难道我错了？"

是啊，从在帕洛斯港挥手告别欢呼的人群那日算起，船队已经向着太阳落下的方向航行了两个多月，航程应该超过了 3000 英里（约 4828 千米），按理说现在已经抵达亚洲的东海岸了。可是，除了偶尔能看到几只飞鸟以外，目光所及之处仍然空空如也。

"一定不会错的！"

桌上的这张地图来自托勒密的《地理学指南》，他反复研习了不知道多少次，甚至在觐见伊莎贝拉一世女王时，他也曾展示过这张地图。在地图上，西班牙处于最西端，而日本位于最东端，按照地球是球形的理论，从西班牙向西航行不仅可以避开葡萄牙人正在开发的非洲航线，而且到达亚洲的航行距离将只有区区 3000 英里（约 4828 千米）。

"可是……"

中年人颓然地坐了下来。食物和水是按照事先的估计航行时间准备的，眼下所剩不多，刚刚够回程所需。作为船长，他心里很清楚当前的微妙处境：对黄金和香料的梦想把散沙般的水手们凝聚成了一根麻绳，而梦想的破灭和补给的短缺将使得这根麻绳重新变回散沙，甚至变成一根根锋利的钢针！即便一切顺利，船队能够"全身"回到欧洲,他不仅要受到葡萄牙人的再一次嘲讽,恐怕伊莎贝拉一世女王也不会轻易地放过他。

咣的一声,舱门被撞开了,两个壮汉趔趔趄趄地闯进了船舱。"你们要干什么!"中年人紧张地站起来,不自觉地后退了一步。

"船长先生,岛,岛!"

在远处的地平线上,依稀出现了一段灰色的线条。幸运的航海家和他的船队到达了"新大陆"。

当然,直到去世,哥伦布也一直认为他到达的大陆是印度,而不是美洲。这或许源于他对托勒密《地理学指南》的信任。

克劳迪乌斯·托勒密(Claudius Ptolemaeus,又译为克劳迪厄斯·托勒密)生活在公元 2 世纪的亚历山大城,是一位涉猎很广的学者(图 3.2.1)。他的研究成果主要在天文和地理方面,除了《地理学指南》,另有《天文学大成》等著作对拜占庭帝国、伊斯兰世界以及后来的欧洲的科学发展有较大影响。

托勒密地图上已经出现了经纬度的原型。因为作者生活区域和认知的限制,地图对地中海沿岸、小亚细亚地区的描绘是相当准确的,但对遥远的非洲南部和更为遥远的东亚的认知则显得非

图 3.2.1 托勒密

常粗糙。更为重要的是,这张地图对地球大小的估计严重偏小,现代意义中的西半球几乎整体缺失,受到误导的哥伦布坚信从欧洲向西航行 3000 英里(约 4828 千米)就能到达日本。他的航行在对世界大小有着更为准确认知的葡萄牙人眼中就是个笑话,却不料幸运的哥伦布靠着这种信念"歪打正着"地发现了新大陆。

虽然托勒密在地理上的研究成果显得不是那么精确,但他对地球是球体的判断还是准确的,并且,他在数学上留下了一个和圆有关的、非常精确的定理——托勒密定理。

根据托勒密定理,对于顶点依次为 A、B、C、D 的任意凸四边形,存在 $|AB| \cdot |CD| + |BC| \cdot |DA| \geq |AC| \cdot |BD|$。只有在 A、B、C、D 四点共圆的情况下,上述不等式取等号。四点共圆是几何中较为常见的情形,我们熟知的与角度有关的

圆的性质如下。

（1）同一段圆弧对应的圆周角相等。同一条弦对应的优弧和劣弧上的两个圆周角互为补角（图 3.2.2）。

（2）切线与弦的夹角与它们所夹的圆弧对应的圆周角相等（弦切角定理，图 3.2.3）。

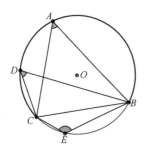

图 3.2.2　圆弧对应的圆周角

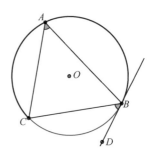

图 3.2.3　弦切角定理

在图 3.2.2 中，同一条弦 BC 对应的优弧和劣弧上的圆周角互为补角，所以 $\angle BAC + \angle BEC = 180°$，$\angle BDC + \angle BEC = 180°$。因此，同为劣弧 $\overset{\frown}{BC}$ 所对应的圆周角 $\angle BAC = \angle BDC$。

在图 3.2.3 中，切线 BD 和弦 BC 所夹圆弧为劣弧 $\overset{\frown}{BC}$，所以 $\angle DBC = \angle BAC$。

而托勒密定理则与弦长有关。下面，我们利用以上与角度有关的圆的性质来证明托勒密定理的等式。

如图 3.2.4 所示，设 E 是弦 BD 上的一点，使得 $\angle ECB = \angle DCA$。

（1）因为 $\angle EBC = \angle DAC$（圆周角相等），同时 $\angle ECB = \angle DCA$，所以 $\triangle EBC \backsim \triangle DAC$。由对应边比例相等得到 $|BC| : |AC| = |BE| : |AD|$，变形后得到

$$|BC| \cdot |AD| = |AC| \cdot |BE| \tag{3.2.1}$$

（2）因为 $\angle EDC = \angle BAC$（圆周角相等），同时 $\angle ECD = \angle ECA + \angle ACD = \angle ECA + \angle BCE = \angle BCA$，所以 $\triangle EDC \backsim \triangle BAC$。由对应边比例相等得到 $|AB| : |DE| = |AC| : |DC|$，变形后得到

$$|AB| \cdot |DC| = |AC| \cdot |DE| \tag{3.2.2}$$

将式（3.2.1）和式（3.2.2）相加，得到 $|BC| \cdot |AD| + |AB| \cdot |DC| = |AC| \cdot |BE| +$

课堂上来不及思考的数学 2：挑战思维极限

$|AC| \cdot |DE| = |AC| \cdot |BD|$，托勒密定理在四点共圆时的等式得证。

蒙大拿大学的数学教授詹姆斯·希尔斯坦（James Hirstein）曾经在 *The College Mathematics Journal*（《大学数学杂志》）杂志上发表过托勒密定理的一个非常直观、巧妙的证明方法。如图 3.2.5 所示，他将 4 段圆弧对应的圆周角分别用 α、β、γ 和 δ 表示，6 条弦的长度分别用 a、b、c、d、e 和 f 表示。

然后巧妙地将红色 $\triangle ADB$ 各边边长扩大 f 倍，蓝色 $\triangle CDA$ 各边边长扩大 b 倍，黄色 $\triangle BCA$ 各边边长扩大 a 倍，再将扩大边长后的 3 个三角形进行拼接（图 3.2.6）。根据 4 个角的关系可以简单证明拼接后的图形为一个平行四边形，根据平行四边形上下两条边的长度，简单可以得到 $a \cdot c + b \cdot d = e \cdot f$，即托勒密定理的等式。

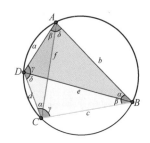

图 3.2.5　4 个顶点共圆的凸四边形的各个边和角

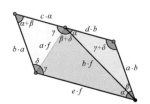

图 3.2.6　通过拼接 3 个三角形巧妙证明托勒密定理的等式

下面，我们来看一道关于正七边形的题：如图 3.2.7 所示，试证明在正七边形 $ABCDEFG$ 中，$\dfrac{1}{|AB|} = \dfrac{1}{|AC|} + \dfrac{1}{|AD|}$。

最直观的方法：我们可以利用正七边形的内角度数，用三角函数分别计算出 3 条直线的长度，然后代入等式中得证。不过，这种证明方法过于烦琐。

通过运用托勒密定理，我们可以找到一种更为简便的方法。

不妨设 $|AB| = x_1$，$|AC| = x_2$，$|AD| = x_3$。很显然，正七边形的 7 个顶点位于其外接圆上。连接 A、E 和 E、C，显然 $|AE| = x_3$，$|EC| = x_2$，$|CD| = |DE| = x_1$（图 3.2.8）。

考虑共圆的 4 个点 A、C、D、E，根据托勒密定理，有 $|AC| \cdot |DE| + |CD| \cdot |EA| = |AD| \cdot |CE|$，即

$$x_2 \cdot x_1 + x_1 \cdot x_3 = x_3 \cdot x_2$$

图 3.2.7　正七边形中 3 条弦的等量关系

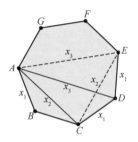

图 3.2.8　正七边形中作出两条辅助弦

等式两边同时除以 $x_1 \cdot x_2 \cdot x_3$，得到 $\frac{1}{x_3} + \frac{1}{x_2} = \frac{1}{x_1}$，即 $\frac{1}{|AB|} = \frac{1}{|AC|} + \frac{1}{|AD|}$。

与弦长有关的其他定理，还包括相交弦定理、割线定理和切割线定理，这 3 个定理的本质是相同的，不同之处在于相交点是在圆内还是圆外，考虑的线段是弦、割线，还是切线。

相交弦定理：对于相交于点 E 的两条弦 AC 和 BD，$|AE| \cdot |CE| = |BE| \cdot |DE|$（图 3.2.9）。

割线定理：对于相交于圆外点 A 的两条割线 AC 和 AD，$|AB| \cdot |AC| = |AE| \cdot |AD|$（图 3.2.10）。

切割线定理：对于圆的切线 AB 和割线 AC，$|AB|^2 = |AD| \cdot |AC|$。切割线定理是割线定理中一条割线转变为切线时的特例（图 3.2.11）。

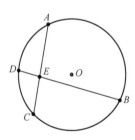

图 3.2.9　相交弦定理

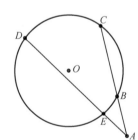

图 3.2.10　割线定理

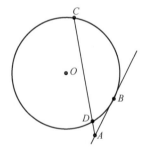

图 3.2.11　切割线定理

这 3 个定理的证明比较简单，在这里我们不赘述。不过，和这 3 个定理密切相关且更进一步的还有圆幂定理和根轴的概念。

圆幂定理其实就是相交弦定理、割线定理和切割线定理的统一，即给定一个以 O 为圆心的圆以及一个定点 P，从点 P 引出两条割线，分别与圆 O 相交于 A、B 和 C、D，则有 $|PA| \cdot |PB| = |PC| \cdot |PD|$。

课堂上来不及思考的数学 2：挑战思维极限

当点 P 位于圆内时，圆幂定理就是相交弦定理；当点 P 位于圆外且一条割线为切线时，圆幂定理就是切割线定理；当点 P 位于圆外且两条线都为割线时，圆幂定理就是割线定理。圆幂定理综合以上 3 种情况，并给出：

对于定圆 O 和定点 P，这 3 种情况下得到的乘积为定值 h，即所谓"圆幂"。当某条割线通过点 P 和圆心 O 时，我们容易知道这个定值 $h = s^2 - r^2$，其中 r 为圆 O 的半径，而 $s = |OP|$。

根轴也叫等幂轴。对于平面上两个不同圆心的圆，那些由两个圆的圆幂相等**的点形成的集合将是一条直线，这条直线被称为这两个圆的根轴。**

当两个圆相交时，根轴即通过两个圆的两个交点的直线；当两个圆相切（包括内切和外切）时，根轴即通过两个圆切点的公切线；当两个圆相离（包括外离和内含）时，根轴为到两个圆切线等长的点的轨迹。不论哪种情况，根轴始终垂直于两个圆心的连线（图 3.2.12）。

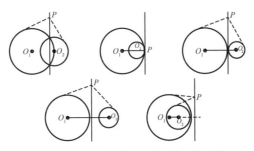

图 3.2.12　不同位置的两个圆形成的根轴

圆幂定理和根轴在平面几何中有很多应用，这里仅举一个简单的例子。我们知道在直角三角形中，斜边上的高是两条直角边在斜边上的射影的比例中项；直角边是它在斜边上的射影和斜边的比例中项。这个**直角三角形的射影定理**在课本上是通过相似三角形来证明的，这里我们用刚刚介绍的圆幂定理来进行证明。

如图 3.2.13 所示，设直角三角形 ABC 外接圆的圆心为 O，易知斜边 BC 即圆 O 的直径。延长斜边的垂线 AD 交圆 O 于 E，易知 $|AD| = |ED|$。

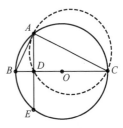

根据圆幂（相交弦）定理，$|AD| \cdot |ED| = |BD| \cdot |CD|$，即 $|AD|^2 = |BD| \cdot |CD|$。

观察直角三角形 ADC，AC 为其外接圆的直径，BA 为其外接圆的切线，根据圆幂（切割线）定理，$|AB|^2 =$

图 3.2.13　用圆幂定理证明直角三角形射影定理

$|BD| \cdot |BC|$。

得证。

下面，我们看看如何利用四点共圆的性质来解决相对复杂一些的证明题。

如图 3.2.14 所示，在 $\triangle ABC$ 中，M_a、M_b 和 M_c 分别为边 BC、CA 和 BA 的中点，P_a、P_b 和 P_c 分别为过顶点 A、B 和 C 在对边 BC、CA 和 BA 上的垂足。设圆 MA、圆 MB 和圆 MC 分别为 $\triangle AM_bM_c$、$\triangle BM_cM_a$ 和 $\triangle CM_aM_b$ 的外接圆（红色），圆 PA、圆 PB 和圆 PC 分别为 $\triangle AP_bP_c$、$\triangle BP_cP_a$ 和 $\triangle CP_aP_b$ 的外接圆（蓝色）。设圆 MA 和圆 PA 相交于 A 和 S_a 两点，圆 MB 和圆 PB 相交于 B 和 S_b 两点，圆 MC 和圆 PC 相交于 C 和 S_c 两点。

试证明：

（1）S_a、S_b 和 S_c 三点共线；（2）线段 AS_a、BS_b 和 CS_c 互相平行。

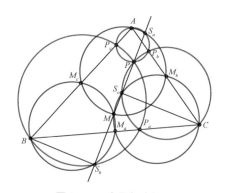

图 3.2.14　多圆相交问题

这道题共涉及 12 个点、6 个圆，画起来相当复杂。不过，如果我们仔细观察一下，可以发现圆 MA、圆 MB 和圆 MC 似乎相交于一个点，而圆 PA、圆 PB 和圆 PC 也相交于一个点。这两个点似乎恰恰和 S_a、S_b 以及 S_c 共线。

这两组 3 个圆分别相交于一点的猜测比较容易得到证明。我们知道，$\triangle ABC$ 的外心 M 位于 3 条边的中垂线交点，所以 $\angle MM_bA = \angle MM_cA = 90°$，$\angle MM_bA$ 和 $\angle MM_cA$ 互为补角，所以 A、M_c、M、M_b 四点共圆。同理，B、M_a、M、M_c 四点共圆，C、M_b、M、M_a 四点共圆，即 M 同时位于圆 MA、圆 MB 和圆 MC 上。换句话说，圆 MA、圆 MB 和圆 MC 这 3 个圆相交于 M（图 3.2.15）。

类似地，圆 PA、圆 PB 和圆 PC 相交于 $\triangle ABC$ 的垂心 P。

这样，如果我们能够证明 S_a、S_b 和 S_c 分别与 M、P 共线，且 AS_a、BS_b 和 CS_c

分别与直线 MP 垂直，就间接证明了 S_a、S_b 和 S_c 三点共线，以及 AS_a、BS_b 和 CS_c 三线平行（图 3.2.16）。

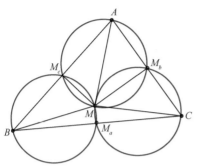

图 3.2.15　圆 MA、圆 MB 和圆 MC 相交于 M 点

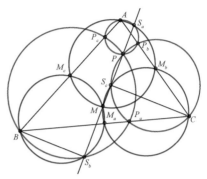

图 3.2.16　问题的转换

为了简化图示，我们在图 3.2.17 中仅保留与顶点 A 有关的两个圆，并连接 MM_c、PP_c、AM 和 AP。

由 A、P_c、P、S_a 四点共圆，且 $\angle AP_cP = 90°$，得出 $\angle AS_aP = 90°$，即 $S_aP \perp AS_a$。同理，在圆 MA 中可以由 $\angle AM_cM = 90°$，得出 $\angle AS_aM = 90°$，即 $S_aM \perp AS_a$。综合起来，得到 S_a、M 和 P 三点共线，且 $AS_a \perp MP$。

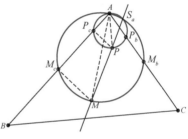

图 3.2.17　简化后的图示

对顶点 B 和 C，同理可以推出 S_b、M 和 P 共线，S_c、M 和 P 共线，且 $BS_b \perp MP$、$CS_c \perp MP$。因此，S_a、S_b 和 S_c 共线，AS_a、BS_b、CS_c 都垂直于 MP，即 AS_a、BS_b 和 CS_c 相互平行。

再来看看另一道题。

如图 3.2.18 所示，M 为 $\triangle ABC$ 边 BC 的中点，P 为 $\triangle ABC$ 内的一点，使得 $\angle CPM = \angle BAP$。圆 O 为 $\triangle ABP$ 的外接圆，连接 PM，设 Q 为 PM 与圆 O 的另一个交点。l 为经过点 B 的圆 O 的切线，R 为 P 关于 l 的对称点。试证明 $|RQ|$ 是与 P 点位置无关的定值。

如图 3.2.19 所示，延长 CP 交圆 O 于 D，连接

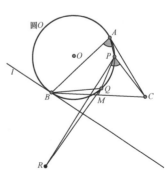

图 3.2.18　对称点与线段定长问题

DB、BP、BR。设 PR 交 l 于 X。

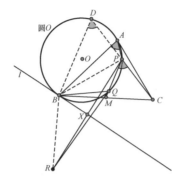

图 3.2.19　对称点与线段定长问题图解

因为 D、A、P 和 B 四点共圆，所以 $\angle BDP = \angle BAP = \angle MPC$，所以 $BD /\!/ MP$。

又因为 $|BM| = |CM|$，所以 $|DP| = |CP|$。又因为 BD 和 QP 是圆 O 的一组平行弦，所以 $|BQ| = |DP|$。因此，

$$|BQ| = |PC| \qquad\qquad (3.2.3)$$

因为 P、R 关于 l 对称，所以

$$|BR| = |PB| \qquad\qquad (3.2.4)$$

且 $\angle RBX = \angle PBX$。由弦切角定理可知，$\angle XBQ = \angle BPQ$，$\angle XBP = \angle BDP = \angle QPC$。

因此，$\angle RBQ = \angle RBX + \angle XBQ = \angle PBX + \angle BPQ = \angle QPC + \angle BPQ = \angle BPC$。结合式（3.2.3）和式（3.2.4），得出 $\triangle RBQ \cong \triangle BPC$，所以 $|RQ| = |BC|$，是与 P 点位置无关的定值。

彩蛋问题

有两块长方形的彩色玻璃重叠在一起（图 3.2.20），它们的顶点分别为 A、B、C、D 和 E、F、G、H，它们的边相互交叉形成了 4 个交点 L、M、N、O。请问，这 12 个点中共存在多少个四元组，使得每个四元组中的 4 个点都共圆？

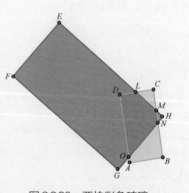

图 3.2.20　两块彩色玻璃

课堂上来不及思考的数学 2：挑战思维极限

托勒密定理： 对于顶点依次为 A、B、C、D 的任意凸四边形，存在 $|AB| \cdot |CD| + |BC| \cdot |DA| \geqslant |AC| \cdot |BD|$。只有在 A、B、C、D 四点共圆的情况下，上述不等式取等号。

相交弦定理： 圆的两条弦 AC 和 BD 相交于圆内一点 E，则有 $|AE| \cdot |CE| = |BE| \cdot |DE|$。

割线定理： 圆的割线 AC 分别交圆于点 B 和点 C，另一割线 AD 分别交圆于点 D 和点 E，则有 $|AB| \cdot |AC| = |AD| \cdot |AE|$。

切割线定理： 圆的割线 AC 分别交圆于点 C 和点 D，且 AB 为圆的切线，则有 $|AB|^2 = |AD| \cdot |AC|$。

圆幂定理： 给定一个以 O 为圆心的圆以及一个定点 P，从点 P 引出两条割线，分别与圆 O 交于 A、B 和 C、D，则有 $|PA| \cdot |PB| = |PC| \cdot |PD|$。

根轴： 也叫等幂轴。对于平面上两个不同圆心的圆，那些由两个圆的圆幂相等的点形成的集合将是一条直线，这条直线被称为这两个圆的根轴。

3.3 费脑子的绘马

"Geometry has two great treasures: one is the theorem of Pythagoras; the other, the division of a line into extreme and mean ratio."

—Johannes Kepler

"几何学有两大瑰宝：一个是勾股定理，另一个是分割一条线段的中末比。"

——约翰内斯·开普勒

东亚诸国的文化传统多有相似之处。每逢跨年和重大节庆活动，日本人会去寺庙许愿祈福。除了参拜、净手、上香和求签等活动以外，他们的祈愿活动中还有一个独有的文化元素，那就是绘马。

在日本传说中，马是神明的代步工具，所以历史上有供奉马的传统。不过，一般人家别说供奉马了，家里都不一定能买得起马，所以往往就用木头雕一匹假马代替真马进行供奉。久而久之，木雕马被绘有马匹图案的小木板所替代，这样的木板也因此被称为"绘马"。在寺庙中悬挂绘马的传统延续到现在，木板上画的马也变得可有可无，取而代之的是人们写下的各种愿望，比如求姻缘、求子、求家人平安、求学业顺利等。

在日本历史上，曾经出现过一类让人大费脑子的绘马，它们就是"算额"。所谓算额，是一种特殊的绘马，即人们在木板上写上数学问题，并给出自己的解答，然后将这些木板供奉给寺庙。

在西方科学知识传播到来之前，日本在我国文化的影响下发展出了自己的一套数学理论和应用，这一套日本传统的数学被称为"和算"。和算在很长的一段历史时期中都属于日本文化中寂寂无闻的边缘学科，直到江户时代，和算才逐渐得到人们的青睐。对和算感兴趣的人把和算当成一种技能，如同围棋、茶道、花道和剑术一样，加以研习和传承。研习和算的人的最初目的是以自己较高的数学能力向神佛祈愿，感恩神佛的恩赐，所以在江户时代才出现了向寺庙供奉算额的现象。

在日本算额的题目中，几何题要多于代数题。典型的算额几何问题一般要求计算边长或者圆的半径，题目中多出现圆和切线，或者相切的多个圆。

下面的数学题来自 1824 年群马县一个寺庙的算额。如图 3.3.1 所示，若 3 个圆两两相切，且都与同一条直线相切，那么它们的半径之间有什么关系？

这题不难。设 3 个圆的半径分别为 r_1、r_2 和 r_3，先看圆 O_1 和 O_2，连接圆心 O_1、O_2，圆心 O_1 和切点 P_1，圆心 O_2 和切点 P_2，以及从 O_2 作垂线交 O_1P_1 于点 Q（图 3.3.2）。因此，$|O_1O_2| = r_1 + r_2$，$|O_1Q| = r_1 - r_2$。

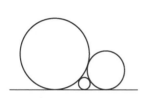

图 3.3.1　3 个圆与同一条直线相切

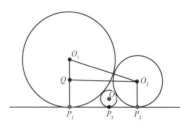

图 3.3.2　构建一个直角三角形

根据勾股定理，$|P_1P_2|^2 = |O_2Q|^2 = |O_1O_2|^2 - |O_1Q|^2$，即 $|P_1P_2| = 2\sqrt{(r_1r_2)}$。

同理，考虑圆 O_1 和 O_3 以及圆 O_3 和 O_2，分别得到 $|P_1P_3| = 2\sqrt{(r_1r_3)}$ 以及 $|P_3P_2| = 2\sqrt{(r_3r_2)}$。

因为 $|P_1P_2| = |P_1P_3| + |P_3P_2|$，所以 $\sqrt{(r_1r_2)} = \sqrt{(r_1r_3)} + \sqrt{(r_3r_2)}$，两端同时除以 $\sqrt{(r_1r_2r_3)}$，得到 $\sqrt{\dfrac{1}{r_3}} = \sqrt{\dfrac{1}{r_2}} + \sqrt{\dfrac{1}{r_1}}$。

令 $a_i = \sqrt{\dfrac{1}{r_i}}$，有 $a_3 = a_2 + a_1$。

如果我们在圆 O_2、O_3 以及直线之间再画出一个圆 O_4，分别与两个圆 O_2、O_3 和直线都相切；再在圆 O_3、O_4 以及直线之间画出一个圆 O_5，分别与两个圆 O_3、O_4 和直线都相切……如此继续，得到一系列的圆 O_i（图 3.3.3）。

那么根据以上的推导可知，对于圆 O_i、O_{i+1}和 O_{i+2} 而言，其半径之间存在以下关系：

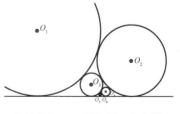

图 3.3.3　一系列与同一条直线相切的圆

$$\sqrt{\frac{1}{r_{i+2}}} = \sqrt{\frac{1}{r_{i+1}}} + \sqrt{\frac{1}{r_i}}$$，即 $a_{i+2} = a_{i+1} + a_i$。而这，正是**斐波那契数列**的递推公式！

斐波那契数列 $F = 1, 1, 2, 3, 5, 8, 13, 21, 34, 55, \cdots$ 是大家都很熟悉的一个数列。如果计算斐波那契数列中相邻两项的比，令 $R_i = \dfrac{F_{i+1}}{F_i}$，精确到小数点后 3 位，则结果如表 3.3.1 所示。

表 3.3.1　计算斐波那契数列中相邻两项的比

	$i=1$	$i=2$	$i=3$	$i=4$	$i=5$	$i=6$	$i=7$	$i=8$	$i=9$	$i=10$	$\cdots$
F_{i+1}	1	2	3	5	8	13	21	34	55	$\cdots$	$\cdots$
F_i	1	1	2	3	5	8	13	21	34	55	$\cdots$
R_i	1.000	2.000	1.500	1.667	1.600	1.625	1.615	1.619	1.618	$\cdots$	$\cdots$

可观察到，相邻两项的比的数列 R_i 位于区间 [1, 2]，并逐步接近 1.618 这一数值。在"乔伊的地图"一节中，我们曾经介绍过斐波那契数列的通项公式。但根据斐波那契数列的通项公式来计算数列 R 的极限值，过程相对复杂。

一个简单的做法是，根据定义，$F_{i+2} = F_{i+1} + F_i$，$\dfrac{F_{i+2}}{F_{i+1}} = 1 + \dfrac{F_i}{F_{i+1}}$，即 $R_{i+1} = 1 + \dfrac{1}{R_i}$。假设数列 R 收敛于 ϕ，那么当 i 趋于无穷大时，$R_{i+1} = R_i = \phi$，有 $\phi = 1 + \dfrac{1}{\phi}$。解这个一元二次方程，舍去负根，得到 $\phi = \dfrac{1 + \sqrt{5}}{2}$。

这个值，就是著名的黄金分割。**黄金分割又被称作黄金比例、中末比，是一个数学常数，类似圆周率 π，数学上通常用希腊字母 ϕ 表示这个无理数。**

早在古希腊时代，毕达哥拉斯学派就已经掌握了黄金分割的一些规律。他们发现，如果把一条线段分成两个部分，较长的一段与较短的一段长度之比等于全线段与较长的一段长度之比的话，那么这个比值大约为 1.618。因为黄金分割给人们带来了视觉上的和谐享受，所以在历史上这一比例一直被数学家们所偏爱，黄金分割也就成了数学上最具有艺术性和美学价值的常数之一。

黄金分割常见于人类的建筑和艺术品中。比如，如果把埃及的胡夫金字塔简化成一个四棱锥模型，那么棱锥的高、棱锥侧面三角形底边上的高和棱锥底面正方形中心到边的垂线就形成了一个边长比例分别为 $\sqrt{\phi}$、ϕ 和 1 的直角三角形。再比如，黄金分割广泛地存在于希腊帕台农神庙（又译帕提侬神庙、帕提农神庙）以及巴黎圣母院的建筑中，这些建筑的重要组成部分所拥有的长、宽和高以及它们的间隔距离在数值上往往符合黄金分割的比例。

在绘画中，黄金分割更是艺术家们的至爱比例。不论是《蒙娜丽莎》还是《戴珍珠耳环的少女》，这些名作的构图往往都采用了黄金分割。这一构图原则甚至成了手机摄影一族的"黄金规则"，比如我们常说的九宫格构图法就是将画面在纵横两个维度上分别等分为 3 份，九宫格在画面中的 4 个交点分别处于纵向和横向的 $\frac{1}{3}$ 或 $\frac{2}{3}$ 的位置，这种分割法非常接近黄金分割的比例。

而在自然界中，我们也可以发现黄金分割的存在。德国美学家阿道夫·蔡辛（Adolf Zeising）称："宇宙之万物，不论花草树木，还是飞禽走兽，凡是符合黄金分割的总是最美的形体。"他发现，在人体结构中，肚脐正好是身高的黄金分割点，膝盖正好是腿的黄金分割点，肘关节则正好是手臂的黄金分割点。对于很多植物来说，其叶子也常常以黄金分割的距离在一条螺旋线上排列。

可以说，在数学家和美学家的偏爱与宣传下，黄金分割简直成了数学之美、自然之美和艺术之美的完美结合。本书无法判断黄金分割在自然和艺术中的存在是否出于巧合，或者出于过度的宣传，但黄金分割的数学之美是毋庸置疑的。

比如，ϕ 的连分数写法十分简洁：

$$\phi = 1 + \cfrac{1}{1 + \cfrac{1}{1 + \cfrac{1}{1 + \cdots}}}$$

再比如，它的连根号的写法也非常简洁：

$$\phi = \sqrt{1 + \sqrt{1 + \sqrt{1 + \sqrt{1 + \cdots}}}}$$

它还与两个角度的正弦值和余弦值相关，$\phi = 2\sin\frac{3\pi}{10} = 2\cos\frac{\pi}{5}$。因此，黄金分割广泛存在于正五角星的线段比例之中（图 3.3.4）。

让我们回到日本寺庙中。

图 3.3.5 中的这道算额题来自 1788 年东京的某个寺庙，和前面的那道算额题相比，这道"大珠小珠落玉盘"算额题要更复杂一些。在绿色的大圆中，两个甲圆的半径恰为大圆半径的一半。在黄色圆系列中，乙圆分别与大圆、两个甲圆相切，丙圆分别与大圆、一个甲圆和乙圆相

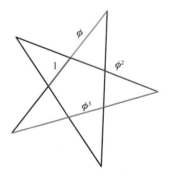

图 3.3.4　正五角星中的黄金分割

切，丁圆分别与大圆、一个甲圆和丙圆相切……依此类推；在蓝色圆系列中，初圆分别与两个甲圆和乙圆相切，次圆分别与一个甲圆、乙圆和丙圆相切，再次圆分别与一个甲圆、丙圆和丁圆相切……依此类推。试求两个系列圆的半径公式。

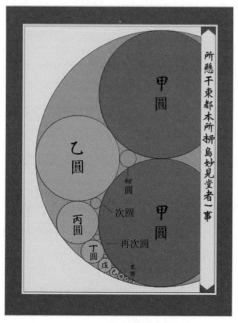

图 3.3.5 "大珠小珠落玉盘"

　　这样的问题在西方被称为阿波罗尼奥斯垫圈（Apollonian gasket）问题。在进行复杂推演之前，我们需要从问题中提炼出简单的数学模型。为了便于说明，将黄色圆系列标记为圆 Y_i，将蓝色圆系列标记为圆 B_i。在黄色圆系列中，圆 Y_{i+1} 分别与大圆、一个甲圆和圆 Y_i 相切；在蓝色圆系列中，圆 B_i 分别与一个甲圆、圆 Y_{i+1} 和圆 Y_i 相切。这样，不论是黄色圆系列还是蓝色圆系列，每一个圆实际上都和另外 3 个圆相切，同时，这 3 个圆也两两相切；只不过在黄色圆系列中，其他 3 个圆内切于大圆，而在蓝色圆系列中，所有的相切都是外切。因此，这个算额问题的本质，就是推算 4 个圆两两相切时半径应该满足的条件。

　　解决平面中 4 个圆相切问题的"钥匙"，叫作笛卡儿定理（Descartes theorem）。

　　根据笛卡儿定理：如果平面上半径分别为 r_1、r_2、r_3 和 r_4 的 4 个圆两两相切于不同的点，那么其半径满足以下条件。

　　当 4 个圆两两外切时，

课堂上来不及思考的数学 2：挑战思维极限

$$\left(\frac{1}{r_1}+\frac{1}{r_2}+\frac{1}{r_3}+\frac{1}{r_4}\right)^2=2\left(\frac{1}{r_1^2}+\frac{1}{r_2^2}+\frac{1}{r_3^2}+\frac{1}{r_4^2}\right)$$

当半径为 r_1、r_2 和 r_3 的 3 个圆内切于半径为 r_4 的大圆时，

$$\left(\frac{1}{r_1}+\frac{1}{r_2}+\frac{1}{r_3}-\frac{1}{r_4}\right)^2=2\left(\frac{1}{r_1^2}+\frac{1}{r_2^2}+\frac{1}{r_3^2}+\frac{1}{r_4^2}\right)$$

下面对笛卡儿定理给出简单的证明（图 3.3.6）。

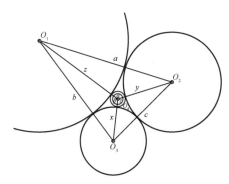

图 3.3.6　笛卡儿定理图解

对于 4 个圆两两外切的情况，如图 3.3.6 所示，两两连接各个圆心，有

$$a=r_1+r_2,\quad b=r_1+r_3,\quad c=r_3+r_2,\quad x=r_4+r_3,\quad y=r_4+r_2,\quad z=r_4+r_1$$

那么根据余弦定理，

$$\cos\alpha=\frac{y^2+z^2-a^2}{2yz},\quad \cos\beta=\frac{z^2+x^2-b^2}{2zx},\quad \cos\gamma=\frac{x^2+y^2-c^2}{2xy}$$

又因为 $\alpha+\beta+\gamma=2\pi$，所以

$$\cos\gamma=\cos(\alpha+\beta)=\cos\alpha\cos\beta-\sin\alpha\sin\beta \tag{3.3.1}$$

又有 $\sin\alpha=\sqrt{1-\cos^2\alpha}$，$\sin\beta=\sqrt{1-\cos^2\beta}$，代入式（3.3.1），化简整理后得到

$$r_4=\frac{r_1r_2r_3}{2\sqrt{r_1r_2r_3(r_1+r_2+r_3)}+r_1r_2+r_2r_3+r_1r_3} \tag{3.3.2}$$

进一步整理即可得到

$$\left(\frac{1}{r_1}+\frac{1}{r_2}+\frac{1}{r_3}+\frac{1}{r_4}\right)^2=2\left(\frac{1}{r_1^2}+\frac{1}{r_2^2}+\frac{1}{r_3^2}+\frac{1}{r_4^2}\right)$$

对于 3 个圆内切于一个大圆的情况，类似地可以得到

$$r_4 = \frac{r_1 r_2 r_3}{2\sqrt{r_1 r_2 r_3 (r_1 + r_2 + r_3)} - (r_1 r_2 + r_2 r_3 + r_1 r_3)} \qquad (3.3.3)$$

进一步整理即可得到

$$\left(\frac{1}{r_1} + \frac{1}{r_2} + \frac{1}{r_3} - \frac{1}{r_4}\right)^2 = 2\left(\frac{1}{r_1^2} + \frac{1}{r_2^2} + \frac{1}{r_3^2} + \frac{1}{r_4^2}\right)$$

我们的第一个算额题，虽然是 3 个圆与一条直线两两相切的情况，但实际上，它可以看作笛卡儿定理 4 个圆两两外切情况的一个特例：当某个圆，比如圆 O_3 的半径 r_3 趋于无穷大时，圆 O_3 就趋于一条直线，4 个圆两两外切的情况就变成了其他 3 个圆都与这条直线相切，且两两相切。

将式（3.3.2）右边同时除以 r_3，当 r_3 趋于无穷大时，分母中有若干项趋于 0，即

$$r_4 = \frac{r_1 r_2}{2\sqrt{r_1 r_2 \dfrac{r_1 + r_2}{r_3} + r_1 r_2} + \dfrac{r_1 r_2}{r_3} + r_2 + r_1} = \frac{r_1 r_2}{2\sqrt{r_1 r_2} + r_2 + r_1}$$

即 $\sqrt{\dfrac{1}{r_4}} = \sqrt{\dfrac{1}{r_1}} + \sqrt{\dfrac{1}{r_2}}$。

下面回到第二道算额题。

为了简化说明，我们定义一个圆的曲率 c 为其半径的倒数，即 $c = \dfrac{1}{r}$。

这样应用曲率的表示方法，笛卡儿定理变为当 4 个圆两两外切时，

$$(c_1 + c_2 + c_3 + c_4)^2 = 2(c_1^2 + c_2^2 + c_3^2 + c_4^2)$$

当 3 个圆内切于半径为 r_4 的大圆时，

$$(c_1 + c_2 + c_3 - c_4)^2 = 2(c_1^2 + c_2^2 + c_3^2 + c_4^2)$$

我们先利用笛卡儿定理解决黄色圆系列。黄色圆系列属于笛卡儿定理中 3 个圆内切于大圆的情况，圆 Y_{i+1} 分别与大圆、一个甲圆和圆 Y_i 相切。设绿色大圆的半径 r_4 为 1，甲圆的半径 r_3 即 $\dfrac{1}{2}$，两个圆的曲率分别为定值 1 和 2。

对于任意两个相邻的黄色圆 Y_{i+1} 和 Y_i，其曲率 c_{i+1} 和 c_i 符合笛卡儿定理，即

$$(c_{i+1} + c_i + 2 - 1)^2 = 2(c_{i+1}^2 + c_i^2 + 4 + 1)$$

整理后可以得到 $(c_{i+1} - c_i)^2 - 2(c_{i+1} - c_i) + (9 - 4c_i) = 0$。

这个递推公式不能通过简单的推导得到通项公式。

不过，如果简单计算一下乙圆、丙圆和丁圆的曲率，得到 $c_2 = 3$，$c_3 = 6$，$c_4 = 11$，可以推测出 $c_{i+1} - c_i = 2i - 1$，从而得到黄色圆系列各圆曲率的通项公式：$c_n = (n-1)^2 + 2$，$n = 1$ 时为甲圆，$n = 2$ 时为乙圆，依此类推。

类似地，再利用笛卡儿定理解决蓝色圆系列。蓝色圆系列属于笛卡儿定理中 4 个圆两两外切的情况，圆 B_i 分别与一个甲圆、圆 Y_{i+1} 和圆 Y_i 相切。这里甲圆的曲率为定值 2，设圆 B_i 的曲率为 c_i，将圆 Y_{i+1} 和圆 Y_i 曲率的 $i^2 + 2$ 和 $(i-1)^2 + 2$ 代入笛卡儿定理公式，得到

$$\left[c_i + i^2 + 2 + (i-1)^2 + 2 + 2\right]^2 = 2\left\{c_i^2 + (i^2 + 2)^2 + \left[(i-1)^2 + 2\right]^2 + 4\right\}$$

略去十几行烦琐的整理和解一元二次方程的过程后，可以得到 $c_i = (2i-1)^2 + 14$。

蓝色圆系列各圆曲率的通项公式即 $c_n = (2n-1)^2 + 14$，$n = 1$ 时为初圆，$n = 2$ 时为次圆，依此类推。

彩蛋问题

在一个正方形的草地上（图 3.3.7），猎狗位于顶点 A，兔子位于顶点 B，兔子洞位于顶点 C。在同一时刻，猎狗发现了兔子，并朝着兔子的位置奔去；兔子也发现了猎狗，并朝着兔子洞的位置奔去。在整个追逐过程中，猎狗和兔子的速度保持恒定，猎狗奔跑的方向始终朝向兔子，兔子奔跑的方向始终朝向兔子洞。如果当猎狗刚刚追到兔子时，兔子恰好也刚刚跑到了兔子洞的位置，求猎狗和兔子奔跑的速度之比。

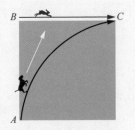

图 3.3.7 猎狗追兔问题

本节术语

黄金分割： 又被称作黄金比例、中末比，是一个数学常数，它等于 $\dfrac{1+\sqrt{5}}{2}$，数学上通常用希腊字母 ϕ 来表示。

笛卡儿定理： 该定理给出了平面上 4 个圆在满足两两相切于不同点的情况下，其半径之间的关系。

3.4 满是石头的湖岸

"My soul is spiraling in frozen fractals all around."

—*Frozen*

"我的灵魂随四周的冰雪分形盘旋起舞。"

——《冰雪奇缘》

2020 年 7 月,《人文数学杂志》(*Journal of Humanistic Mathematics*) 上刊登了一篇散文,作者是诺拉·库里克 (Nora E. Culik)。

> 我站在湖边的石滩上,黑岩的峭壁耸立在我的头顶。上次来到这里时,我也许才十四岁,或者十三岁?谁知道呢!我本应该知道,但这已经属于那些被我深埋入沙中的记忆,和我现在脚下的石头不同。这是一个寒冷的春日,我没有穿厚实的冬衣,因为我忘了这里的土地对人并不那么热情。风裹挟着苏必利尔湖的寒气,把它吹在我的脸上,让我的脸变得湿冷、冻红和麻木。
>
> 如果把一个梯形覆盖在湖面上,你将很容易估算出湖岸的长度:只需把梯形 4 条边的长度加起来。不过,任何人都可以看出来,根据这个梯形进行估算是多么不准确。所以,可以试着缩短这些边的长度,也许可以采用十边形而不是四边形?或者 100 边形? 1000 边形?随着边长的缩短,边的数量会增加,以至于这些边长度的总和也会不断地增加,增加,增加和增加。

作者在描绘苏必利尔湖边初春的景色的同时,重温了一个 20 世纪 60 年代就被提出的问题:如何测量海岸的长度?就像作者所指出的,如果用越来越短的折线来逼近湖岸的形状,那么我们得到的湖岸的长度会越来越精确,但也会越来越长。

换句话说,苏必利尔湖的湖岸长度是无限的!

在多边形逼近过程中,湖的面积保持不变,但湖岸的长度却一直在增加,甚至这种增加没有尽头。这个结论似乎与我们的常识相悖,要证明这个结论的正确性，我们还得从身边的一些植物开始了解。

如果你生活在乡村，对蕨类植物一定不会陌生，蕨类植物的叶子像一束羽毛，其中的每一枝的结构则像一束更小的羽毛。如果你生活在城市，可能在超市中买过宝塔菜花（又称宝塔花菜），它的整个结构类似于一个由很多小锥体构成的"宝塔"，而每一个锥体本身也是由更小的锥体构成的"小宝塔"（图 3.4.1）。

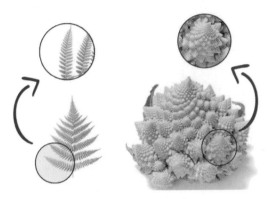

图 3.4.1　蕨类植物的叶子和宝塔菜花在不同尺度上的相似结构

蕨类植物的叶子和宝塔菜花看上去都具有复杂的结构，不过如果靠近观察，你就会发现它们的构成都遵循着一个相对简单的模式：**构成叶子和菜花的每一个部分都和叶子或者菜花的整体结构具有相似性**，只是尺寸更小一些。这样的模式一遍又一遍地重复着，构成了叶子和菜花结构的全部细节。

在数学上，我们把这种特性称为自相似性，具有自相似性的这些结构被称为**分形**（fractal）。

图 3.4.2 中的例子给出了一种简单的分形，起初它由 3 条线段组成，其中红色线段为初始母线段，其长度和位置固定；两条蓝色线段是初始子线段，它们和母线段的长度之比 r_1、r_2 以及它们和母线段之间的夹角 α_1、α_2 构成这个结构模式的 4 个参数。接下来，我们以两条蓝色线段为母线段，在每条蓝色线段的末端再分别产生两条蓝色的子线段，使得它们和蓝色母线段的长度之比与夹角都符合结构模式的 4 个参数。一直重复以上这个过程，我们就能得到一个分形结构。

设定两条初始子线段不同的长度比和夹角，我们就可以得到不同形状的分形，有的形同树木，有的像蕨菜叶子，而有的更像一堆重叠着的、大小不一的蜂巢。

另一个很有名的分形是谢尔平斯基三角形（Sierpiński triangle），这种独特的三角形由波兰数学家瓦茨瓦夫·弗朗齐歇克·谢尔平斯基（Wacław Franciszek

Sierpiński）在 1915 年提出，并因此得名。

图 3.4.2　简单分形的不同示例

谢尔平斯基三角形的构成并不复杂。我们从一个正三角形出发，先将 3 条边的中点两两相连，然后将 3 条中点连线所围成的三角形挖去，这样得到一个镂空的正三角形，记为 S_1。然后，对剩余的 3 个小正三角形重复上面的操作，得到 3 个镂空的小正三角形，记为 S_2。反复进行上述操作，我们就能得到不同级别的谢尔平斯基三角形 S_n（图 3.4.3）。

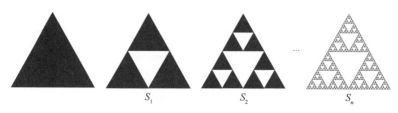

图 3.4.3　谢尔平斯基三角形

可以注意到，谢尔平斯基三角形 S_n 由 3 个全等的部分组成，其中的每个部分是一个较小的谢尔平斯基三角形 S_{n-1}，S_{n-1} 同样由 3 个更小的、全等的 S_{n-2} 组成……这个结构模式在谢尔平斯基三角形的整体和每个细节上都是统一的。

对于蕨类植物的叶子或者宝塔菜花来说，它们所呈现出来的自相似性只是一种近似的自相似性——虽然它们的细节和整体十分相像，但并没有严格遵循一个统一的结构模式。不过在数学上，对于谢尔平斯基三角形这样严格的分形来说，它的细节无限可分，统一的结构模式可以一直重复下去。因此，谢尔平斯基三角形可以给我们带来更多有关分形的数学特性。

我们知道，线段是一维的，如果把一个正方形的边长乘 2，那么得到的新正方形的面积是原正方形面积的 4 倍，所以，正方形的维数等于 $\log_2 4 = 2$。类似地，如果把一个立方体的边长乘 2，那么得到的新立方体的体积是原立方体体积的 8

倍，所以，立方体的维数 $\log_2 8 = 3$。

现在来观察谢尔平斯基三角形。如果将 3 个全等的谢尔平斯基三角形垒成一个大的谢尔平斯基三角形，类似正方形，新谢尔平斯基三角形在线性维度上的边长相当于一个原谢尔平斯基三角形边长的 2 倍；同时，新谢尔平斯基三角形由 3 个全等的原谢尔平斯基三角形组成，所以新谢尔平斯基三角形的边长总长度和面积分别是原谢尔平斯基三角形边长总长度和面积的 3 倍（图3.4.4）。

图 3.4.4　谢尔平斯基三角形的面积与边长的关系

按照类似的计算方法，我们得到谢尔平斯基三角形的维数 $\log_2 3 \approx 1.585$。它既不是线性的一维，也不是平面的二维，谢尔平斯基三角形居然具有一个介于 1 和 2 之间的非整数维数！

这听起来非常怪异，但分形具有非整数维数，恰恰是其最基本的数学性质；并且这个性质也是分形名字的来源，因为它具有"分数的维数"（fractional dimension）。同时，分形也因此有了第二个且更为精确的定义——分形，即那些具有非整数维数的结构。

在自然界中，雪花和冰晶都具有非整数维数的结构，它们是最接近分形的自然结构。在数学中，一个近似雪花的分形结构被称为科克雪花（Koch snowflake）（一般指科克曲线），它最早出现于瑞典数学家海里格·冯·科克（Niels Fabian Helge von Koch，又译为黑尔格·冯·科克）1904 年写的一篇论文中，并因此得名。

和谢尔平斯基三角形一样，科克雪花的生成也可以从一个正三角形开始，只不过在每一步里我们并不是移除一个小三角形，而是在它的边缘增加若干个小三角形。在初始正三角形的每条边上取三分点，分别向正三角形的外部作一个小的正三角形，这样得到一个正六角星，记为 K_1。K_1 共有 12 条边，对它的每一条边重复以上操作，得到一个更为精细的科克雪花 K_2。反复进行上述操作，我们就能得到不同级别的科克雪花 K_n（图3.4.5）。

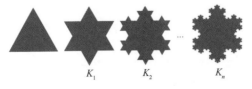

图 3.4.5　科克雪花

如果我们把某一段科克雪花的边缘在线性维度方向放大到原来的 3 倍，得到的新科克雪花边缘等同于 4 条原科克雪花的拼接，所以新科克雪花边缘的长度是原科克雪花长度的 4 倍（图 3.4.6）。按照上述的维度计算方法，科克雪花的维度为 $\log_3 4 \approx 1.262$。和谢尔平斯基三角形一样，科克雪花也是一个介于一维和二维之间、具有分数维数的分形。

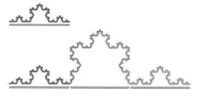

图 3.4.6　科克雪花的边缘长度与线性维度边长的关系

现在，我们再来看看科克雪花在生成过程中长度和面积的变化规律。

在上述的每一次操作中，科克雪花的每条边，即长度为 L 的线段，都变成了一条由 4 条长度为 $\frac{L}{3}$ 的短线段组成的折线。因此，每一次操作后，科克雪花边的数量将变为原边数的 4 倍，科克雪花的长度将变为原长度的 $\frac{4}{3}$ 倍（图 3.4.7）。设初始三角形的边长为 L，周长为 $3L$，那么 K_1 的周长等于 $4L$，K_2 的周长就成了 $\frac{16}{3}L$。我们发现这是一个公比为 $\frac{4}{3}$ 的等比数列，所以随着 n 趋于无穷大，K_n 的长度并不收敛，同样趋于无穷大。

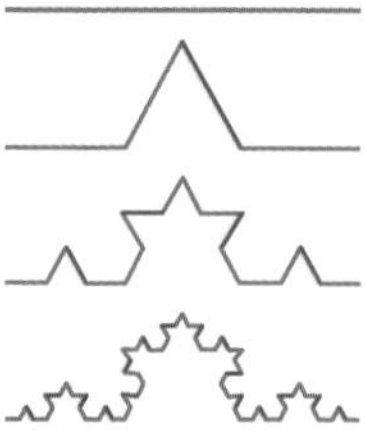

图 3.4.7　科克雪花的长度变化

那么科克雪花的面积会有哪些相应的变化？是不是当 n 趋于无穷大时，K_n 的面积也趋于无穷大呢？

在每一次操作中，科克雪花的每条边由线段变为折线，因此在每条边上都生成一个新的正三角形（图 3.4.8 中的紫色部分）。如果我们将 K_n 边上的这些新的正三角形称为新增正三角形，设科克雪花 K_n 的面积为 S_n，那么有 $S_n = S_{n-1} + D_n$，其中 S_{n-1} 为科克雪花 K_{n-1}（图 3.4.8 中的蓝色部分）的面积，增量 D_n 等于新增正三角形的面积乘 K_n 的边数。

设初始正三角形的边长为 L，面积为 1。对于 K_1 来说，它的新增正三角形的边长是 $\frac{L}{3}$，所以每一个新增正三角形的面积为 $\frac{1}{9}$；对于 K_2 来说，它的新增正三角形的边长为 $\frac{L}{9}$，所以每一个新增正三角形的面积为 $\frac{1}{81}$……由此可以看出，对于科克雪花系列 K_n，因为其新增正三角形的边长符合公比为 $\frac{1}{3}$ 的等比关系，所以其面积符合公比为 $\frac{1}{9}$ 的等比关系；同时因为其边数符合公比为 4 的等比关系，所以其

课堂上来不及思考的数学 2：挑战思维极限

增量面积 D_n 符合公比为 $\dfrac{4}{9}$ 的等比关系。

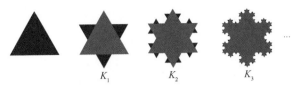

图 3.4.8　科克雪花的面积变化

因为 $D_1 = \dfrac{1}{9} \times 3 = \dfrac{1}{3}$，$D_n = \dfrac{4}{9} \cdot D_{n-1}$，$S_n = 1 + D_1 + D_2 + \cdots + D_n$，由等比数列求和公式得到

$$S_n = 1 + \frac{1}{3} \cdot \frac{1 - \left(\dfrac{4}{9}\right)^n}{1 - \dfrac{4}{9}}$$

当 n 趋于无穷大时，$S_n = \dfrac{8}{5} = 1.6$。

换句话说，如果将一个科克雪花一直细分下去，其面积将趋于一个定值，但其边缘的长度却会无限增加。

除了二维平面中的谢尔平斯基三角形和科克雪花，三维空间中也有不少分形的例子，其中比较简单的就是门格海绵（Menger sponge）。门格海绵由奥地利数学家卡尔·门格（Carl Menger）在 1926 年提出，它是一个位于三维空间的具有非整数维数的分形结构。

门格海绵的生成和谢尔平斯基三角形的生成非常相似，同样是从一个结构中去除一个子结构，只不过谢尔平斯基三角形的对象是二维平面中的正三角形，而门格海绵的对象是三维空间中的立方体。

我们从一个边长为 L 的初始立方体出发，在这个立方体的每个面的中心位置各画出一个边长为 $\dfrac{L}{3}$ 的正方形，然后钻孔打穿，去掉内部相应的部分，得到一个镂空的 M_1。然后在 M_1 上重复以上操作，得到 M_2……反复进行上述操作，我们就能得到不同级别的门格海绵 M_n（图 3.4.9）。

初始立方体的边长为 L，因为 M_1 镂空部分的正方形边长为 $\dfrac{L}{3}$，所以 M_1 余下的每一个小立方体的边长也为 $\dfrac{L}{3}$。假设初始立方体的体积为 1，那么 M_1 的每一个小立方体的体积就为 $\frac{1}{27}$；因为钻孔一共失去了 7 个小立方体，所以 M_1 的体积为 $\frac{20}{27}$。因此，门格海绵的体积符合公比为 $\frac{20}{27}$ 的等比关系。换句话说，当 n 趋于无穷大时，M_n 的面积会无限增长，但体积会趋于 0，这在三维空间中是很难想象的！

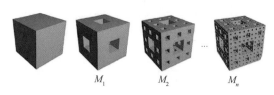

图 3.4.9　门格海绵

实际上，如果把 M_1 的边长缩小到原来的 $\frac{1}{3}$，那么 M_2 就可以看作 20 个 M_1 的堆积，M_2 在线性维度上的长度是 M_1 的 3 倍，体积是 M_1 的 20 倍，所以根据上述的维度计算公式，门格海绵的维度为 $\log_3 20 \approx 2.727$。所以，虽然存在于三维空间中，但门格海绵是一种介于二维和三维之间的分形结构。

最后，让我们回到苏必利尔湖畔。

1920 年，英国数学家刘易斯·弗赖伊·理查森（Lewis Fry Richardson）在用数学方法研究战争的起因时发现，在不同场合公开发表的国境线长度数据存在很大的差异，比如荷兰和比利时之间的国境线长度分别有 380 千米和 449 千米的说法。在进一步的研究中，理查森发现产生这个问题的原因是所谓海岸线悖论，即用不同尺度的线段去测量海岸线，会得到不同的结果。

以英国本岛为例，如果我们用一把长度为 100 千米的尺子作为工具，每次测量时将尺子的两端重叠在海岸线上，那么测量 16 次就可以绕英国一圈，所以得到的海岸线长度为 1600 千米。如果我们把尺子的长度减小到 80 千米，这时就需要测量 21 次才能绕英国一圈，得到的海岸线长度为 1680 千米。相应地，如果尺子长度为 50 千米，得到的海岸线长度为 1900 千米；而尺子如果只有 20 千米长，那么得到的海岸线长度将为 2260 千米。

显然，尺子的长度越短，尺子多次测量构成的多边形就能更加贴合海岸线，得到的海岸线长度的数据也更加精确。

几十年后，这个问题吸引了波兰裔数学家伯努瓦·曼德尔布罗（Benoît B.

Mandelbrot）的兴趣。研究分形的曼德尔布罗敏锐地发现，虽然不存在自相似性，但海岸线确实非常近似于分形结构。为了证明这一点，他把英国本岛的轮廓线画在方格纸上，这条轮廓线一共经过了 88 个小方格；将这条轮廓线在线性维度上放大到原来的 2 倍，画在同样的方格纸上，那么放大后的轮廓线一共经过了 197 个小方格。如果近似地将轮廓线经过的小方格数目等同于轮廓线的长度，那么根据上述的计算方法，海岸线的维数近似于 $\log_2 \dfrac{197}{88} \approx 1.16$。因此，海岸线确实是一种具有非整数维数的分形结构。

如果将轮廓线放大更大的倍数，使用上述方法，我们可以发现英国海岸线的实际维数大约是 1.21。曼德尔布罗意识到，分形的维数也可以用来表示某个结构或者形状的粗糙程度，他后来将这个发现成功地推广到了数学和科学的其他许多领域之中。

同时，随着测量用的尺子越来越短，像科克雪花一样，海岸线两点之间的线段变成了更短的几段折线，海岸线上越来越多的细节被纳入计算之中，得到的海岸线长度就越来越长。当尺子的尺寸无限缩小时，一个小海湾、海湾中一块凸出的礁石，乃至礁石下的大鹅卵石、鹅卵石下的细沙都可以被无限地拟合到海岸的轮廓线中，得到的海岸线长度也因此变得无穷大（图 3.4.10）。

图 3.4.10　无限长的海岸线

就像诺拉·库里克在她的散文中所说，苏必利尔湖的湖岸长度是无限的，这并不是一个隐喻。

彩蛋问题

　　人类的血管由大动脉、中动脉、小动脉、毛细血管以及小静脉、中静脉和大静脉组成，它们纵横交错、密密麻麻地形成一个类似于分形结构的网络。对于一个身高为 1.7 米的人来说，你能猜出他的血管的总长度大约为多少米吗？

本节术语

　　分形： 指一个粗糙或零碎的几何结构，该结构可以分成若干个部分，且每一部分都和整体结构相似，即分形具有自相似的性质。

　　分形的维数： 是一个描述某个分形对空间填充程度的统计量，分形具有非整数维数。

第 **4** 章

严格的完美

英国哲学家伯特兰·罗素曾经盛赞数学拥有至高的美，他认为只有数学这门伟大的艺术才能显示出最朴素而又最严格的完美。从多米诺骨牌中可以学习到何种数学基本原理？换还是不换，什么可以帮助你解决三门问题中的困惑？为什么 19 世纪的柯克曼女生散步问题，时至今日仍然有应用价值？在本章，你将通过学习数学归纳法、贝叶斯概率、施泰纳三元系和平衡不完全区组设计，了解归纳法和概率论在组合数学以及现实中的应用，体会数学思维之美。

4.1 商人爸爸的早教

"What is mathematics? Mathematics is looking for patterns."

—Richard Feynman

"什么是数学？数学就是寻找模式。"

——理查德·费曼

理查德·费曼（Richard Feynman）也许是爱因斯坦之后在科学界影响力最大的物理学家之一，这不仅仅因为他在量子电动力学、弱相互作用领域的杰出研究成果，也不仅仅因为他对纳米技术前瞻性的贡献，而更多地是因为他独特的风格：长得很帅、风度翩翩；喜欢耍酷、爱出风头；兴趣广泛，包括写书、画画、演奏乐器、研究象形文字等。

在世人眼中，费曼就是一个卓越的物理学家和不拘小节的顽童的有机结合体。

在他的半自传《别闹了，费曼先生》一书中提到，费曼有一次向朋友抱怨，说他身边的人都知道他拿过诺贝尔奖，自己一直生活在人们关注的目光之下，做什么事都不方便，这样的生活真是太糟糕了云云。朋友为了给费曼一种不一样的轻松体验，特地组织了一个聚会，邀请来的客人都不认识费曼，更不知道他获得过诺贝尔奖。然而，聚会还没有进行到一半，朋友就发现所有的客人都已经结识了费曼，并且知道他得过诺贝尔奖。可气又可笑的是，朋友最后发现，正是费曼自己在聚会上四处自我介绍，才让所有人的目光都聚焦在了他的身上。

当然，费曼的"无厘头"并没有降低他在人们心目中的地位，他被誉为有史以来最受欢迎的十位物理学家之一。在谈到他的成功时，费曼认为自己的一生主要得益于童年时他父亲给予的"没有压力的、可爱的、有趣的讨论"，这些讨论诱发与培养了费曼对科学的好奇心和质疑精神。

费曼的父亲梅尔维尔·费曼是一位从白俄罗斯移民到纽约的犹太人，高中学历，他也是一位卖制服的商人；母亲露西尔是一位家庭主妇，为人开明。老费曼虽然没有接受过多少高等教育，但他喜欢钻研生活中出现的问题。在费曼很小的时候，老费曼就注意引导他区分事物的标签和事物的本质。比如，费曼观察到突然推动玩具车，车上的小球会往后滚动，而让玩具车突然停止，小球则依然会向前滚动。老费曼没有告诉他"惯性"这个词，只是解释说，运动中的物体趋于保持运动，而静止的物体趋于保持静止。又比如，费曼在书中读到，有些恐龙约有25英尺（约7.62米）高，脑袋约有6英尺（约1.8米）宽。老费曼并没有告诉他1英尺（1英尺=30.48厘米）究竟有多长，而是说如果恐龙站在自家的院子里，它足够高到可以把头伸进楼上的窗户里，但因为它的脑袋比窗户要大一些，所以硬挤进去的话，会把窗户弄坏。

在费曼的另一本书《发现的乐趣》中，他描述了在他很小的时候，父亲经常在餐后和他玩的游戏。当时费曼还坐在婴儿椅上，老费曼从长岛的某个地方弄回来一些长方形的小瓷片，类似浴室墙上贴的那种。父子俩将瓷片一片挨着一片地竖立起来，费曼被允许推倒最后一片，然后看着瓷片一片接着一片倒下。玩了几次后，游戏升级了。费曼同样将瓷片一片挨着一片地竖立起来，但被要求按照顺序排列：一片白色的、两片蓝色的、一片白色的、两片蓝色的……这是老费曼的"套路"：先让孩子开心地玩，然后再慢慢注入有教育意义的内容。母亲露西尔显然意识到了丈夫的意图，她忍不住说："你就不能让孩子随便玩儿？他想把蓝瓷片加在哪里就加在哪里吧。"老费曼说："不，我正在教他注意观察模式，这是他这个年龄阶段我能够教的唯一可以算得上数学的内容。"

事实证明，这位制服商人的早教方法是卓有成效的，因为除了儿子理查德以外，他还有一个女儿琼，琼·费曼后来成了一名在地日系统和磁层物理学方面做出重要贡献的天体物理学家。

费曼父子餐后玩的第一个游戏，是一个多米诺骨牌游戏。它与蓝白相间的瓷砖排列游戏不同，瓷砖在颜色上并不存在什么模式，似乎也没有老费曼想注入的内容。不过事实上，多米诺骨牌游戏中蕴含着一个在数学上应用十分广泛的方法，那就是数学归纳法。

数学归纳法是一种严谨的演绎推理法，它可以用来证明有关无限序列（通常是自然数序列）的数学定理的正确性。在最常见的情况（第一数学归纳法）中，数学归纳法可以概括为归纳基础、归纳假设和归纳递推 3 步。所谓归纳基础，即证明 $n = n_0$（n_0 被称为序列起点）时命题成立；所谓归纳假设，即假设 $n = k$ 时命题成立，这一步为纯假设，无须证明；所谓归纳递推，即由归纳假设推导出 $n = k + 1$ 时命题也成立，这一步往往是数学归纳法最为关键的证明步骤。

如果用多米诺骨牌游戏来类比：归纳基础即推倒第 1 块骨牌，归纳假设即假

设第 k 块骨牌倒下，归纳递推即当第 k 块骨牌倒下后，第 $k+1$ 块骨牌也将倒下。如果骨牌之间的距离和排列方向没有问题，我们知道，一块倒下的骨牌必定会将其后面的骨牌带倒，因此，多米诺骨牌游戏中的归纳递推是没有问题的，只需有人推倒第 1 块骨牌，即证明了归纳基础，那么所有的骨牌都将倒下。

下面，我们以公式 $1 + 2 + 3 + \cdots + n = \dfrac{n(n+1)}{2}$ 为例，对数学归纳法进行简单说明。

（1）归纳基础。当 $n = 1$ 时，$1 = \dfrac{1 \times (1+1)}{2}$，公式显然成立。

（2）归纳假设。假设 $n = k$ 时命题成立，即

$$1 + 2 + 3 + \cdots + k = \frac{k(k+1)}{2} \tag{4.1.1}$$

（3）归纳递推。那么在式（4.1.1）的两边同时加上 $(k+1)$，得到

$$1 + 2 + 3 + \cdots + k + (k+1) = \frac{k(k+1)}{2} + (k+1) = \frac{(k+1)(k+2)}{2} = \frac{(k+1)\big[(k+1)+1\big]}{2}$$

即在归纳假设的前提下，命题对于 $n = k+1$ 也成立。

综上所述，公式 $1 + 2 + 3 + \cdots + n = \dfrac{n(n+1)}{2}$ 对于所有自然数 n 都成立。

虽然数学归纳法的命名直到 1838 年才由英国数学家奥古斯塔斯·德·摩根（Augustus De Morgan）提出，但归纳推理的思维模式早已被数学的先哲所掌握。早在公元前 5 世纪，古希腊的毕达哥拉斯学派就在"三角形数"的公式中运用了归纳推理的方法。

如图 4.1.1 所示，古希腊的学者们发现，个数为 1、3、6、10……的点可以排列成一个正三角形，因此他们将 1、3、6、10……这些数称为"三角形数"。通过对前几个三角形数的观察，他们发现每一个三角形数都是一些连续自然数的和，比如 $3 = 1 + 2$，$6 = 1 + 2 + 3$。

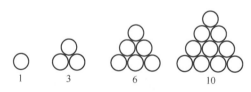

图 4.1.1　三角形数

他们猜想，相邻两个三角形数之和是一个平方数（当时也被称为"正方形数"），比如 $3 + 6 = 3^2$，$6 + 10 = 4^2$。从有限的观察样本中总结出规律，提出猜想，进而通过推理进行验证，这是一个完整的归纳推理过程。只不过，当时的学者们还缺少一种在数学逻辑上十分严谨的方法，可以将验证过程从有限项推向无穷项，从而证明猜想和命题对于所有自然数都成立。

到了公元 10 世纪，出生在德黑兰附近的阿拉伯数学家阿尔-卡拉吉（Al-Karaji）在推导出的自然数立方和公式中，首次使用了数学归纳法中的两个重要思想：归纳基础和归纳递推。他从 $1^2 = 1^3$ 开始，借助几何图形带来的直观性，采用了递推的方法，归纳出立方和公式

$$(1 + 2 + 3 + \cdots + 10)^2 = 1^3 + 2^3 + 3^3 + \cdots + 10^3$$

如图 4.1.2 所示，蓝色部分的面积为 $2 \times (1 + 2 + 3 + \cdots + 8 + 9) \times 10 + 10^2 = 9 \times 10 \times 10 + 10^2 = 10^3$，所以整个大正方形的面积 $(1 + 2 + 3 + \cdots + 8 + 9 + 10)^2 = (1 + 2 + 3 + \cdots + 8 + 9)^2 + 10^3$，这就是当 $k = 9$ 时的归纳递推公式。

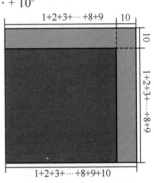

1+2+3+…+8+9   10

10

1+2+3+…+8+9

1+2+3+…+8+9+10

虽然阿尔-卡拉吉未能进一步将这个公式推广到所有自然数，但他在证明过程中使用的归纳基础和归纳递推使得数学归纳法的思想初见雏形。

图 4.1.2 立方和公式的图解

在阿尔-卡拉吉之后，帕斯卡在研究杨辉三角形时，通过归纳法得出了该三角形的很多重要性质。在《论算术三角形》中，帕斯卡第一次完整、清晰地阐述了数学归纳法。在帕斯卡之后，瑞士数学家雅各布·伯努利在 17 世纪末对数学归纳法提出了更加规范的阐述和说明。直到 19 世纪末，意大利数学家朱塞佩·佩亚诺（Giuseppe Peano）提出了关于自然数的 5 条公理，人们才从根本上给予了数学归纳法严密的逻辑基础。

除了最常见的第一数学归纳法外，数学归纳法还有第二种表达形式，即第二数学归纳法。第二数学归纳法同样分为 3 步，假设有一个与自然数序列 n 有关的命题：

（1）当 $n = n_0$ 时，命题成立；

（2）假设当 $n_0 \leqslant n \leqslant k$ 时命题成立；

（3）可以推出当 $n = k + 1$ 时，命题也成立。

那么，该命题对于一切自然数 $n \geq n_0$ 来说都成立。

可以看出，第二数学归纳法和第一数学归纳法的区别主要在于第二步和第三步。从归纳假设上来看，第二数学归纳法比第一数学归纳法要严格，所以第一数学归纳法可以证明的命题一定可以通过第二数学归纳法证明，但反之则不一定。

下面，我们以斐波那契数列通项公式的证明为例，说明第二数学归纳法在应用中的简明性。斐波那契数列 1, 1, 2, 3, 5, 8, 13, ⋯ 是我们熟知的一个数列，其通项公式为

$$f(n) = \frac{a^n - b^n}{\sqrt{5}}, \quad 其中 \ a = \frac{1+\sqrt{5}}{2}, \ b = \frac{1-\sqrt{5}}{2}$$

因为斐波那契数列的递推公式为 $f(n) = f(n-1) + f(n-2)$，公式的右侧涉及数列中的两项，所以我们无法直接使用第一数学归纳法，但可以通过第二数学归纳法进行证明。

证明如下。

当 $n = 1$ 时，$f(1) = 1$，$\frac{a-b}{\sqrt{5}} = \frac{\sqrt{5}}{\sqrt{5}} = 1$，命题成立。

假设 $n \leq k$ 时命题成立，那么

$$\begin{aligned}
f(k+1) &= f(k) + f(k-1) \\
&= \frac{a^k - b^k}{\sqrt{5}} + \frac{a^{k-1} - b^{k-1}}{\sqrt{5}} \\
&= \frac{a^k\left(1+\frac{1}{a}\right) - b^k\left(1+\frac{1}{b}\right)}{\sqrt{5}} \\
&= \frac{a^k\frac{1+\sqrt{5}}{2} - b^k\frac{1-\sqrt{5}}{2}}{\sqrt{5}} \\
&= \frac{a^{k+1} - b^{k+1}}{\sqrt{5}}
\end{aligned}$$

因此，命题对于 $n = k + 1$ 也成立。

综上所述，根据第二数学归纳法，斐波那契数列通项公式得证。

那么，是否通过第一数学归纳法就完全不可以证明斐波那契数列通项公式呢？

事实上，我们也可以通过第一数学归纳法来证明这个公式，但这里需要一个技巧，即将原命题拆分为斐波那契数列通项公式在 n 为奇数以及 n 为偶数时分别成立：

课堂上来不及思考的数学 2：挑战思维极限

令 $P(m) = f(2m - 1)$，$Q(m) = f(2m)$，f 为斐波那契数列，m 为自然数，证明 $P(m)$ 和 $Q(m)$ 分别满足

$$P(m) = \frac{a^{2m-1} - b^{2m-1}}{\sqrt{5}} \text{ 和 } Q(m) = \frac{a^{2m} - b^{2m}}{\sqrt{5}}, \text{ 其中 } a = \frac{1+\sqrt{5}}{2}, b = \frac{1-\sqrt{5}}{2}$$

证明如下。

由斐波那契数列递推公式 $f(n) = f(n-1) + f(n-2)$ 以及数列 P 和 Q 的定义可知，

$$P(m) = f(2m-1) = f(2m-2) + f(2m-3) = Q(m-1) + P(m-1)$$

类似地，$Q(m) = f(2m) = f(2m-1) + f(2m-2) = P(m) + Q(m-1)$。当 $m = 1$ 时，

$P(1) = f(1) = 1$，$\dfrac{a-b}{\sqrt{5}} = \dfrac{\sqrt{5}}{\sqrt{5}} = 1$，$Q(1) = f(2) = 1$，$\dfrac{a^2 - b^2}{\sqrt{5}} = 1$，命题成立。

假设 $m = k$ 时命题成立，即有

$$P(k) = \frac{a^{2k-1} - b^{2k-1}}{\sqrt{5}} \text{ 和 } Q(k) = \frac{a^{2k} - b^{2k}}{\sqrt{5}}$$

那么，

$$P(k+1) = Q(k) + P(k) = \frac{a^{2k}\left(1+\frac{1}{a}\right) - b^{2k}\left(1+\frac{1}{b}\right)}{\sqrt{5}} = \frac{a^{2(k+1)-1} - b^{2(k+1)-1}}{\sqrt{5}}$$

$$Q(k+1) = P(k+1) + Q(k) = \frac{a^{2k+1}\left(1+\frac{1}{a}\right) - b^{2k+1}\left(1+\frac{1}{b}\right)}{\sqrt{5}} = \frac{a^{2(k+1)} - b^{2(k+1)}}{\sqrt{5}}$$

命题对于 $n = k + 1$ 也成立。

综上所述，根据第一数学归纳法，斐波那契数列通项公式在 n 为奇数和偶数时分别成立，即对于任一自然数 n 都成立。

数学归纳法不仅可以用来证明像连续自然数之和或者斐波那契数列通项公式这样的等式，还可以用来证明不等式。

比如，对于自然数 $n > 1$，试证明以下不等式成立。

$$\left(1+\frac{1}{3}\right)\left(1+\frac{1}{5}\right)\cdots\left(1+\frac{1}{2n-1}\right) > \frac{\sqrt{2n+1}}{2}$$

在这个问题中，序列的起点是 2。当 $n = 2$ 时，$1 + \dfrac{1}{3} = \dfrac{4}{3} > \dfrac{\sqrt{5}}{2}$，不等式成立。

假设 $n = k$ 时不等式也成立，即

$$\left(1+\frac{1}{3}\right)\left(1+\frac{1}{5}\right)\cdots\left(1+\frac{1}{2k-1}\right) > \frac{\sqrt{2k+1}}{2}$$

那么对于 $n = k + 1$，

$$\left(1 + \frac{1}{3}\right)\left(1 + \frac{1}{5}\right)\cdots\left(1 + \frac{1}{2k-1}\right)\left(1 + \frac{1}{2k+1}\right) > \frac{\sqrt{2k+1}}{2}\left(1 + \frac{1}{2k+1}\right) = \frac{2k+2}{2\sqrt{2k+1}}$$

$$= \frac{\sqrt{4k^2+8k+4}}{2\sqrt{2k+1}} > \frac{\sqrt{4k^2+8k+3}}{2\sqrt{2k+1}} = \frac{\sqrt{2k+3}\cdot\sqrt{2k+1}}{2\sqrt{2k+1}} = \frac{\sqrt{2(k+1)+1}}{2}$$

不等式成立。

综上所述，对于自然数 $n > 1$，不等式成立。

最后，我们来看一个用数学归纳法解决组合数学问题的例子。

将 $1 \sim n$ 的 n 个自然数排成一行，要求除了排在最左边的那个数以外，对于其他任意一个数 k，$k - 1$ 和 $k + 1$ 两个数中至少有 1 个被排在了 k 的左侧（不要求相邻）。比如，当 $n = 2$ 时，"1、2" 和 "2、1" 都是符合规则的排列；当 $n = 3$ 时，"1、2、3""2、1、3""2、3、1" 和 "3、2、1" 都是符合规则的排列。对于 n 来说，假设符合规则的排列一共有 $P(n)$ 种，试证明：$P(n) = 2^{n-1}$。

首先，根据题意，排列的规则只与数的相对大小有关，所以不论是从 1 到 n，还是从 2 到 $n + 1$，或者从 3 到 $n + 2$，这 n 个连续自然数符合规则的排列的个数是相同的，都等于 $P(n)$。

然后，我们开始数学归纳法的部分。

当 $n = 2$ 时，已知 2 种排列都是符合规则的排列，$P(2) = 2$，命题成立。

假设 $n = k$ 时命题也成立，$P(k) = 2^{k-1}$。

当 $n = k + 1$ 时分两种情况考虑。

（1）对于 $P(k + 1)$ 中的任意一个排列，将数 $k + 1$ 划去后得到的 k 个数的排列都符合要求，所以 $P(k + 1)$ 中的一个排列对应于 $P(k)$ 中的一个排列。

（2）对于 $P(k)$ 中的任意一个排列，可以通过以下两种方式分别对应于 $P(k + 1)$ 中的一个排列：

①将数 $k + 1$ 添加到该排列的最右侧，因为数 k 一定位于它的左侧，所以得到的新排列符合规则，属于 $P(k + 1)$ 中的某个排列；

②将该排列中的每个数都增加 1，然后将数 1 添加到排列的最右侧，显然，新得到的排列也符合规则，同属于 $P(k + 1)$ 中的某个排列。

第一种方式对应的排列最右侧数为 $k + 1$，第二种方式对应的排列最右侧数为 1，两者不会对应同一个排列，于是我们得到 $P(k + 1) = 2 \cdot P(k) = 2^k$。因此，命题

对于 $n = k + 1$ 也成立。

综上所述，命题得证。

 彩蛋问题

待证明的命题是：任意 n 个人，他们的生日都在同一天。

证明过程如下。

当 $n = 1$ 时，显然命题是成立的。

假设当 $n = k$ 时命题成立，即任意 k 个人生日都在同一天。那么当 $n = k + 1$ 时，我们分别考虑第 1 个人到第 k 个人和第 2 个人到第 $k + 1$ 个人。第 1 个人到第 k 个人一共有 k 个人，根据假设，他们的生日在同一天；同理，第 2 个人到第 $k + 1$ 个人一共也是 k 个人，根据假设，他们的生日也在同一天。因此，这 $k + 1$ 个人的生日都在同一天。根据数学归纳法，命题得证。

很显然，这个命题不合常理，上述论证过程中一定存在着错误，你能把它找出来吗？

本节术语

数学归纳法： 数学归纳法是一种严谨的演绎推理法，通常被用于证明某个给定命题在整个（或者局部）自然数范围内成立。

第一数学归纳法： 第一数学归纳法可以概括为以下 3 步。

（1）归纳基础，证明 $n = n_0$ 时命题成立。

（2）归纳假设，假设 $n = k$ 时命题成立。

（3）归纳递推，由归纳假设推出 $n = k + 1$ 时命题也成立。

第二数学归纳法： 也称完整归纳法。假设有一个与自然数 n 有关的命题，如果 $n = n_0$ 时命题成立，假设 $n_0 \leqslant n \leqslant k$ 时命题也成立，可以推出当 $n = k + 1$ 时命题同样成立，那么该命题对于一切自然数 $n \geqslant n_0$ 来说都成立。

4.2 薛定谔的酒鬼

"The first step is to establish that something is possible; then probability will occur."

—Elon Musk

"第一步确定某事是可能的，然后概率就会发生。"

——埃隆·马斯克

贝尔瑟镇有 3 个著名的酒吧，一个叫"半个月亮"，一个叫"疯狂的梅格"，另一个叫"缪斯"。贝尔瑟镇只有一个著名的酒鬼，那就是苔丝家的卢克。按照妻子苔丝的说法，卢克 10 天中有 9 天都会出门喝酒，剩下的一天待家里，还是喝酒。在出门的那天，卢克只去 3 家酒吧中的一个，根据酒友们的统计，卢克并没有特别的喜好，9 天中有 3 天会去"半个月亮"，3 天会去"疯狂的梅格"，另外 3 天会去"缪斯"。

这一天，半个月亮酒吧的门被推开，走进来的是警察汉斯，他四处看了看，然后走到吧台前要了一杯："卢克今天来过吗？"

老板把杯子推过来，答道："没有，他有几天没来了。这小子犯事儿了？"

"不，只是有个案子需要他协助。"

"那你应该到他家里去看看。"

警察摆了摆手："谁都知道他的嗜好，这家伙十有八九在外面，所以我直接来酒吧了。不过今天不凑巧，我刚才去了缪斯酒吧，他也不在。"在一旁喝酒的扬接过话头："那赶紧去疯狂的梅格看看吧，90% 的可能他正在那里喝着呢。"扬的邻居马丁则摇了摇头，说："确实应该去那里看看，不过卢克在那里的概率没有 90%，只有 75%。"

"怎么会没有 90%？"扬瞪大了眼睛，"你看，卢克在家的概率只有 10%，在酒吧喝酒的概率有 90%。现在卢克不在缪斯，也不在这里，那么只要他出了门，他就一定在疯狂的梅格——说他在那里的概率是 90%，没错的！"

"不，不能这么算。"马丁解释说，"卢克在家的概率是 10%，在 3 个酒吧喝酒的概率各有 30%。现在汉斯已经查明了卢克不在缪斯，也不在这里，所以他只

课堂上来不及思考的数学 2：挑战思维极限

有可能在家，或者在疯狂的梅格两种可能，概率分别是 10% 和 30%。在这种情况下，卢克在疯狂的梅格的概率应该是 $\dfrac{30\%}{10\%+30\%} \times 100\% = 75\%$。"

扬正准备争辩，汉斯摆了摆手："别争了，管它 90% 还是 75%，我这就去疯狂的梅格，反正他不在家就应该在那里。"

确实，在警察汉斯先生推开疯狂的梅格酒吧的门之前，苔丝家的卢克先生既有可能在家，也有可能在酒吧，这是一个完全随机的事件，我们无法确定这个"薛定谔的酒鬼"的位置。不过，扬和马丁的争论倒是一个很有意思的话题，因为它属于概率学中的条件概率问题。

在分析扬和马丁谁的答案正确之前，我们先来看条件概率的一个简单例子。

你蒙着双眼玩一个立方体骰子，掷出 6 点的概率有多大？掷出后，如果在一旁的朋友告诉你掷出的是一个偶数，那么掷出 6 点的概率又有多大？

很显然，掷一个立方体骰子一共可能得到 6 种可能的点数，即 1、2、3、4、5 和 6 点，所以掷出 6 点的可能性为 $\dfrac{1}{6}$。当朋友告诉你点数为偶数时，就只有 3 种可能的点数，即 2、4 和 6 点，此时，掷出 6 点的可能性为 $\dfrac{1}{3}$。

同样是随机掷骰子，为什么在两种情况下得到 6 点的概率会不一样呢？那是因为你的朋友给了你一个确定性的信息，或者说一个条件，它排除了其他 3 个奇数点数的可能性，所以掷出 6 点的概率提高了。在已知掷出偶数点数的条件下，掷出 6 点的概率被称作条件概率。

条件概率也被称为后验概率，是指事件 A 在事件 B 发生的条件下发生的概率，条件概率表示为 $P(A \mid B)$。在上面这个例子中，事件 A 即"掷出 6 点"，事件 B 即"掷出偶数点"，$P(A \mid B)$ 表示"在掷出偶数点的条件下掷出 6 点的概率"。

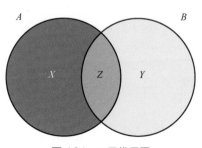

图 4.2.1　二元维恩图

如果把 A 和 B 看作两个集合，那么条件概率 $P(A \mid B)$ 可以看作集合 B 中属于集合 A 的元素的个数与集合 B 的元素的个数之比，即集合 A 和 B 的交集的元素个数与集合 B 的元素个数之比。

在图 4.2.1 中，X、Y 和 Z 分别表示 A 和 B 的 3 个子集。设 x、y 和 z 分别为子集 X、Y 和

Z 的元素个数，那么 $P(A \mid B) = \dfrac{P(A \cap B)}{P(B)} = \dfrac{z}{z+y}$。类似地，我们可以得到事件 B 在事件 A 发生的条件下发生的概率 $P(B \mid A) = \dfrac{P(A \cap B)}{P(A)} = \dfrac{z}{z+x}$。

将以上两个等式变换一下，分别得到 $P(A \cap B) = P(A \mid B) \cdot P(B)$ 和 $P(A \cap B) = P(B \mid A) \cdot P(A)$。因此有 $P(A \mid B) \cdot P(B) = P(B \mid A) \cdot P(A)$。

两边同时除以 $P(B)$，得到 $P(A \mid B) = \dfrac{P(B \mid A) \cdot P(A)}{P(B)}$。这个式子即贝叶斯公式，它描述了 $P(A \mid B)$ 和 $P(B \mid A)$ 两个条件概率之间的关系。

在掷骰子的例子中，掷出偶数点数的概率显然为 $\dfrac{1}{2}$，即 $P(B) = \dfrac{1}{2}$；掷出 6 点的概率 $P(A) = \dfrac{1}{6}$，同时事件 A 是事件 B 的一个真子集（6 点一定是偶数点），即 $A \cap B = A$。所以，根据条件概率公式，在掷出偶数点的条件下掷出 6 点的概率 $P(A \mid B) = \dfrac{P(A \cap B)}{P(B)} = \dfrac{P(A)}{P(B)} = \dfrac{1}{3}$。

反过来，在掷出 6 点的条件下掷出偶数点的概率呢？显然是 1。尽管有些画蛇添足，我们还是可以通过条件公式得出 $P(B \mid A) = \dfrac{P(A \cap B)}{P(A)} = \dfrac{P(A)}{P(A)} = 1$。

下面来看一个应用贝叶斯公式的例子。

地上有 3 个外表一模一样的盒子，分别记为 A、B 和 C。盒子 A 里有 2 颗红球和 3 颗白球，盒子 B 里有 3 颗红球和 1 颗白球，盒子 C 里有 1 颗红球和 4 颗白球，所有红球和白球的质量和质感都相同。现在你从地上随机捡起一个盒子，将手伸进去摸出一个球来，请问：如果你恰好摸出了一颗红球，那么这颗球来自盒子 A 的概率有多大？

设事件 E 为摸出来一颗红球，事件 A、B 和 C 分别为盒子 A、B 和 C 被捡起。那么我们需要求得的是"在摸出一颗红球的条件下，捡起来的是盒子 A 的概率"，即 $P(A \mid E)$。

已知，$P(A) = P(B) = P(C) = \dfrac{1}{3}$。如果捡起盒子 A，从中摸出红球的概率 $P(E \mid A) = \dfrac{2}{2+3} = \dfrac{2}{5}$；类似地，$P(E \mid B) = \dfrac{3}{3+1} = \dfrac{3}{4}$，$P(E \mid C) = \dfrac{1}{1+4} = \dfrac{1}{5}$。

摸出的红球必然来自盒子 A、B 和 C 中的某一个，所以摸出红球的概率 $P(E)$

$$= P(E \mid A) \cdot P(A) + P(E \mid B) \cdot P(B) + P(E \mid C) \cdot P(C) = \frac{2}{15} + \frac{1}{4} + \frac{1}{15} = \frac{9}{20}。$$

根据贝叶斯公式，在摸出一颗红球的条件下，捡起来的是盒子 A 的概率

$$P(A \mid E) = P(E \mid A) \cdot \frac{P(A)}{P(E)} = \frac{8}{27}。$$

我们回过头来看看贝尔瑟镇的酒鬼问题。方便起见，将半个月亮酒吧、疯狂的梅格酒吧和缪斯酒吧分别称为酒吧 A、B 和 C。

设事件 B 为卢克去了酒吧 B，事件 A^* 为卢克没有去酒吧 A，事件 C^* 为卢克没有去酒吧 C，那么卢克既没有去酒吧 A 也没有去酒吧 C 的概率为 $P(A^* \cap C^*)$。在已知卢克没有去上述两个酒吧的条件下，卢克出现在酒吧 B 的概率为 $P(B \mid A^* \cap C^*)$。根据条件概率，

$$P(B \mid A^* \cap C^*) = \frac{P(B \cap A^* \cap C^*)}{P(A^* \cap C^*)}$$

其中，$P(B \cap A^* \cap C^*)$ 表示卢克去了酒吧 B 且没有去酒吧 A 也没有去酒吧 C 的概率，因为卢克同一天只会去一个酒吧，所以它和卢克去了酒吧 B 的概率 $P(B)$ 相等，即 $P(B \cap A^* \cap C^*) = P(B) = 0.3$。卢克没有去其他两家酒吧的概率 $P(A^* \cap C^*) = 1 - 0.3 \times 2 = 0.4$。因此，$P(B \mid A^* \cap C^*) = \frac{0.3}{0.4} = 0.75$。

所以，马丁的答案是对的。扬为什么会得出错误的结论呢？他很可能将这个问题和著名的三门问题混淆在了一起。扬可能认为这个酒鬼问题就是三门问题的一个例子——既然三门问题中主持人打开一扇门后，剩下那扇门中奖的概率从 $\frac{1}{3}$ 变成了 $\frac{2}{3}$，那么酒鬼问题中警察查证两个酒吧后，卢克出现在剩下的那个酒吧中的概率也可以从 30% 变成 90%。

这里提到的三门问题，也叫作蒙蒂霍尔问题（Monty Hall problem），它来自美国的一个电视游戏节目 *Let's Make a Deal*，是一个自 20 世纪以来就富有争议的概率问题。

问题是这样的。参赛者在节目现场会看到有 3 扇门，其中一扇门的背后有大奖，另外两扇门的背后分别是一头山羊（图 4.2.2）。参赛者先随机选择其中的一扇门，主持人会在剩下的两扇门中打开一扇有山羊的门，然后问参赛者是否愿意用他之前选定的那扇门和剩下的第 3 扇门进行交换，交换后参赛者获得大奖的概

图 4.2.2 三门问题

率是否会提高。

直觉告诉我们，大奖在每扇门背后的概率都是 $\frac{1}{3}$，参赛者选到大奖那扇门的概率是 $\frac{1}{3}$，大奖在剩下的第 3 扇门背后的概率也是 $\frac{1}{3}$，交换选择并不会给参赛者带来更大的获奖机会。这个思路一直以来都被很多人所认可，其中不乏许多数学专业毕业的学生。

不过，三门问题的正确答案是参赛者应该交换，交换后他获奖的概率从 $\frac{1}{3}$ 变成了 $\frac{2}{3}$。

什么？获奖的概率会提高一倍？！以下对这个正确答案进行一个简单的分析。

假设参赛者最开始选择了 A 门，让我们来看看以下 3 种等概率的可能。

（Y1）大奖存在于 A 门后。如果不交换，参赛者将得奖；如果交换，参赛者将不得奖。

（Y2）大奖存在于 B 门后，主持人打开了 C 门。如果不交换，参赛者将不得奖；如果交换，参赛者将得奖。

（Y3）大奖存在于 C 门后，主持人打开了 B 门。如果不交换，参赛者将不得奖；如果交换，参赛者将得奖。

由上文可见，不交换的话，3 种情况中参赛者只有情况 Y1 才会得奖，概率为 $\frac{1}{3}$；交换的话，参赛者在情况 Y2 和 Y3 时得奖，概率为 $\frac{2}{3}$。

酒鬼问题中扬可能认为，警察汉斯的角色和主持人一样，给猜测者带来了一些确定性的信息，排除了卢克在其他两个酒吧的可能，使得余下的情况的概率得到了提高。扬认为，酒鬼问题本质上就是三门问题。

实际上，酒鬼问题并不等同于三门问题，酒鬼问题和三门问题有着关键性的区别。

这个关键性的区别是什么？有人认为三门问题的关键在于主持人事先知道大奖所在的位置，所以他能确保打开的门的背后是山羊而不是大奖；而警察汉斯却

课堂上来不及思考的数学 2：挑战思维极限

不知道卢克的位置，他去半个月亮酒吧之前并不能确定卢克不在这个酒吧。这句话非常对！但不够准确。

实际上，酒鬼问题和三门问题最重要的区别在于**计算概率的集合不同**：酒鬼问题是一个纯粹的条件概率问题，在计算概率时其集合是原问题集合中符合条件的一个真子集，子集内的元素个数少于原集合中的元素个数；而在三门问题中，因为主持人事先知道大奖的位置，**原问题集合中的每一个元素都可以一一映射到符合条件的集合中的元素**，集合中元素数量不变。

具体在酒鬼问题中，假设一共有 10 天，这 10 天构成一个全集。按照苔丝的描述，卢克有 1 天待在家里喝酒，3 天去酒吧 A，3 天去酒吧 B，3 天去酒吧 C。在警察汉斯查证之前，这 10 种可能都存在，所以全集中一共有 10 个元素。现在，警察汉斯已经查证，卢克不在酒吧 A 也不在酒吧 C。所以在全集中，去酒吧 A 的 3 天和去酒吧 C 的 3 天不符合这个条件；符合条件的子集中只剩下 1 天待在家里，3 天去酒吧 B，所以这个子集中元素只有 4 个，而不是 10 个。

具体在三门问题中，假设猜奖游戏一共玩了 3 次，这 3 次游戏构成了一个全集。假设在这 3 次游戏中，参赛者始终选择 A 门，大奖放置在 A 门、B 门和 C 门的情况各 1 次。如果主持人不去掉一个选项，那么大奖在这 3 个门后的可能性都存在，所以全集中一共有 3 个元素。现在，**主持人要去掉一个选项，因为他事先知道大奖的位置，所以不论大奖在哪个门背后，主持人打开的一定是一个背后没有大奖的门。**这样，在主持人去掉一个选项后，全集中的 3 个元素仍然存在，或者说，符合主持人去掉一个选项条件的子集的元素个数仍为 3，和全集中的元素个数相等。

让我们再看看另一种情况，如果主持人事先并不知道大奖在哪扇门后，参赛者交换或者不交换对得奖概率的影响会怎样？

假设一共玩了 6 次，参赛者仍然始终选择 A 门。

（N1）大奖在 A 门后，主持人打开了 B 门，参赛者不交换得奖，交换不得奖。

（N2）大奖在 A 门后，主持人打开了 C 门，参赛者不交换得奖，交换不得奖。

（N3）大奖在 B 门后，主持人打开了 B 门，主持人打开了大奖门，不符合条件。

（N4）大奖在 B 门后，主持人打开了 C 门，参赛者不交换不得奖，交换得奖。

（N5）大奖在 C 门后，主持人打开了 B 门，参赛者不交换不得奖，交换得奖。

（N6）大奖在 C 门后，主持人打开了 C 门，主持人打开了大奖门，不符合条件。

由上文可见，情况 N3 和 N6 不符合条件，所以原集合中元素的个数是 6 个，但子集中元素的个数是 4 个，在 4 个符合条件的情况中，参赛者不交换得奖的可能有 2 个，交换后得奖的可能也有 2 个，它们的概率相同。因此，如果主持人和警察汉斯一样，事先并不知道大奖所在位置，只是随机打开一扇门的话，那么三门问题就等同于酒鬼问题，是一个条件概率问题，参赛者交换或者不交换获得大奖的概率是相同的。

可能有读者会问，为什么这里既假设了大奖所在位置的 3 种情况，又假设了主持人打开 B 门或 C 门的 2 种情况，而在解答三门问题时只假设了大奖所在位置的 3 种情况？这是因为在三门问题中，不论参赛者选择哪一扇门，主持人一定会打开余下两扇门中没有大奖的那一扇，所以并不存在其他的可能，因此在三门问题中，情况 Y2 和 Y3 出现的概率各为 $\frac{1}{3}$，而在主持人事先不知道大奖位置的三门问题中，情况 N4 和 N5 出现的概率各为 $\frac{1}{6}$。

🎁 彩蛋问题

桌子上有两个信封，其中一个信封里有 100 元，另一个信封里有 200 元，你可以拿走其中的一个信封。问题是随机拿起一个信封后，你该不该交换一下，拿走另一个信封使得自己的收益最大化。

假设你开始拿起的是 100 元的信封，交换以后你将获得 200 元，交换带来的收益提升是 +100%。假设你开始拿起的是 200 元的信封，交换以后你只获得 100 元，交换带来的收益提升是 -50%。因为信封是随机拿起的，所以两种情况的概率各占 50%，因此交换信封带来的收益提升的数学期望是 $\frac{100\% \times 50\% - 50\% \times 50\%}{100\%} = 25\%$。

玩上足够多次，不管你一开始拿起哪个信封，交换一下就能平均多获益 25%？

很显然，这个结论是错误的。那么问题出在哪里呢？

条件概率: 也被称为后验概率,指事件 A 在事件 B 发生的条件下发生的概率,条件概率表示为 $P(A|B)$。

贝叶斯公式: 与事件 A 和事件 B 的条件概率有关的一个计算公式,$P(A|B) = \dfrac{P(A)P(B|A)}{P(B)}$,其中 $P(A)$ 和 $P(B)$ 分别是事件 A 和事件 B 的先验概率,不考虑任何其他事件的因素;$P(A|B)$ 和 $P(B|A)$ 分别是事件 B 发生的条件下事件 A 的后验概率,和事件 A 发生的条件下事件 B 的后验概率。

三门问题: 又称蒙蒂霍尔问题或者山羊问题,三门问题源自一个数学游戏,因为其答案非常违反人们的直觉,所以一直以来它都属于概率论中的经典问题之一。

4.3 棘手的任务

"当你对结果有疑问时，不妨扳手指来数数吧。"

——佚名

随着新冠肺炎疫苗接种率的逐步提升，疫情得到了较好的控制。在全员在家工作了 16 个月以后，位于安特卫普的某公司决定从 7 月开始，采取远程工作和返回公司工作相结合的方式办公。简单来说，就是以轮换的方式，在一个循环中每个人都有若干天回到公司办公室工作，在其他的日子则仍然在家工作。

公司的后勤部门一共有 9 名员工，因为工位之间要保持足够的距离，所以每天只有 3 个人回到公司工作，其他 6 个人在家工作。后勤部门的领导把排班的任务交给了扬，请他为部门排出一个返工日程表；同时，在公司的轮班政策之外，领导还提出了一个额外要求：他希望在一个循环中，本部门的任意两位同事都有一天且仅有一天同时回到办公室工作。

扬没想到，还没有返回公司上班，自己就接到了这么一个棘手的任务。于是，他找到了邻居马丁，希望这位数学老师可以帮他一把。

马丁正在厨房里喝咖啡，他给扬倒上一杯，笑着请他坐下："如果领导不提那个额外要求，咱们是不是可以把咖啡换成啤酒？"

"说实话，马丁，我也不是很确定……但，扳手指我总是会的！"

"那我们就从头开始。"马丁从橱柜里拿出 3 个咖啡杯，又从糖罐里夹出 4 块方糖，"如果我要将这 4 块方糖放到 3 个杯子中，一共有几种可能性？"

扬略加思索，将 4 块方糖放在一个杯子里，又将其中的一块方糖移到另一个杯子里……很快，他扳着手指得到了答案："应该只有 4 种可能性吧，看糖分成几组，只有 4+0+0、3+1+0、2+2+0 和 2+1+1 这 4 种可能。"

"非常好！如果我没有听错，你提到了'分组'。现在，我们在杯子上做个记号。"马丁拿来一支记号笔，在一个杯子上写上 M，另一个杯子上写上 Y，在第 3 个杯子上写上 G。"假设，写了 M 的杯子是我的，写了 Y 的杯子是你的，写了 G 的杯子是其他客人的。仍然将这 4 块方糖放在这 3 个杯子中，有几种可能性？"

扬疑惑地问："有区别吗？难道不应该还是 4 种吗？"

马丁笑着说："当然有区别。你看，对于 4 块糖在同一个杯子里的情况，现在它们有了一些变化：这些糖块可能都在我的杯子里，也可能都在你的杯子里，还可能都在客人的杯子里。因为，现在杯子和杯子互不相同了。"

"那就是 4 乘 3，一共 12 种！"

"不，不，别着急。4 + 0 + 0、2 + 2 + 0 和 2 + 1 + 1 这 3 种情况中，3 个糖堆只有两种不同的数量，分配给不同的杯子，只有 3 种不同的方案；但对于 3 + 1 + 0 来说，3 个糖堆的数量互不相同，将它们分别放入 3 个不同的杯子中，一共对应有 $A_3^3 = 6$ 种不同的分配方案。"

"所以，前 3 种情况有 9 种，后一种情况有 6 种，加起来一共有 15 种不同的分配方案！"扬更正道。

"对！你看，你也用上了'分配'这个词！"马丁继续解释道，"分组和分配是两个不同的问题。当我们需要将若干元素分成若干组时，**如果组和组之间没有差别**，就像橱柜里的这些干净的咖啡杯，那么我们面对的就是**分组问题**；相反，**如果组和组之间是有差别的**，就像做过记号的这几个咖啡杯，那么我们面对的就是**分配问题**。"

"分配问题的答案一定比分组问题要多？"

"你的直觉是对的！事实上，解决分配问题一般可以分成两个步骤，先对元素进行分组，然后在分组的基础上再进行分配。比如，3 + 1 + 0 是第一步分组中的一种可能性，因为杯子的不同，在第二步分配中对应着 6 种不同的方案，所以最后得到的分配的可能性一定不会少于分组的可能性。"

马丁接着说："实际上，除了组和组可能互不相同以外，元素和元素之间也可能互不相同。比如，我们把 4 块方糖换成一颗巧克力、一粒花生、一颗青豆和一块方糖，那么分组和分配的情况就都不一样了。"

扬拿起一块方糖，在 3 个咖啡杯之间比画了一下："如果先决定方糖的分配，那么它有 3 个不同的去处；接着放巧克力，它不受方糖分配的影响，同样有 3 个可能……这样，我们最后能得到 81 种不同的分配方案。"

"非常正确！对于 m 个不同的元素，分配给 n 个不同的组，那么一共将有 n^m 种可能。"马丁拿起一块布，将杯子上的记号擦去，"现在，我们回到 3 个相同杯子的问题，相当于将 4 个不同元素最多分为 3 组，又该如何计算呢？"

"4 个元素都分到同一组，只有 1 种可能。"扬回答道，"4 个不同元素分为两组，有 3+1 和 2+2 两种分法，所以有 $C_3^4 + C_2^4 = 4 + 6 = 10$ 种；4 个不同元素分为 3 组，只有 2+1+1 这种分法，即 $C_2^4 = 6$ 种。加起来，一共 17 种分组方案。"

"你看，你已经不需要扳手指，可以直接利用组合数来计算了。"马丁笑着说，"不过，你犯了一个小小的错误：对于 2+2 的分法来说，因为两个杯子相同，所以选出巧克力/花生和选出青豆/方糖，其结果是等同的，所以对于 2+2，只有 $C_2^4 \div 2 = 3$ 种不同的分组方案。因此，所有的分组方案加起来只有 14 种。"

马丁接着说："你们公司的轮换返工安排，其实就类似于一个不同元素的分组问题。你和你的同事，扬、卢克、爱玛……就是一个个不同的元素，你们将被分在大小相同的组中，组和组之间并没有差别。类似 2+2 的分法，后勤部门中有 9 名员工，每 3 个人一组，分为 3 个组，即 3+3+3，那么一共有几种分法呢？"

"我有些明白了！类似于有标记的杯子，先将 9 个人平均分入 3 个不同的组，那么一共有 $C_3^9 \cdot C_3^6$ 种分配方案。"扬激动地说，"现在，擦去杯子上的标记，将 3 个不同的组变成 3 个无差别的组，就应该将分配方案数再除以 3 个组的全排列，即得到 $\dfrac{C_3^9 \cdot C_3^6}{A_3^3} = 280$ 种分组方案。"

马丁赞许地看着扬，点点头："完全正确。如果你们部门的领导没有提出那个额外的要求的话，你已经找到了正确的答案。在这 280 种分组方案中，任何一种方案都符合公司的要求，即 9 个人分成 3 组，每天有 1 组 3 个人来公司上班，其他 2 组在家工作。"

"但是，如果加上那个额外条件，问题就变得复杂了。"马丁一边说，一边拿来一张纸，在上面画了 7 个点，旁边用数字 0～6 将这 7 个点一一标记（图 4.3.1）。

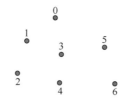

图 4.3.1 用数字 0～6 标记的 7 个点

"我们先看这样一个问题：能不能用一些线将这些点连起来，每条线都连接且只连接 3 个点，而且对于 7 个点中的任意 2 个点，它们都被某条线且只被这条线所连接。"

扬拿起铅笔试了试，并没有找到合适的画法。不过，他似乎找到了另外一些规律："一共有 7 个点，从中任意选 2 个点一共有 $C_2^7 = 21$ 种取法；同时，一条线连接了 3 个点，从中任意选 2 个点一共有 $C_2^3 = 3$ 种取法。因此，我们应该需要 $21 \div 3 = 7$ 条线，这是一个必要条件。"

"完全正确！7 条线，每条线连接 3 个点；同时，我们有 7 个点，所以每个点同时被 3 条线所连接。知道了这些规律，画线就容易了。"马丁一边解释，一边用不同颜色的笔画出几条线（图 4.3.2），"你看，这就是符合要求的一种连线方式，每种颜色表示一条线。"

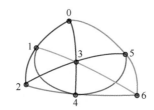

图 4.3.2　用 7 条线连接后的 7 个点

马丁在图的下方写下了一串数字：$(0, 1, 2)$、$(0, 3, 4)$、$(0, 5, 6)$、$(2, 3, 5)$、$(2, 4, 6)$、$(1, 3, 6)$、$(1, 4, 5)$，表示每条线所连接的 3 个点。

"这是一个有趣的分组问题，它不同于简单地将 7 个点平均分成若干组——这不能实现，因为 7 是一个素数。事实上，它是 7 中选 3 的组合集合的一个子集：在 $C_3^7 = 35$ 个可能的组合中选取了 7 个，使得任意两个点在这个子集中出现且仅出现一次。"马丁继续讲解道，"如果考察 0 和 1 这两个点，在 7 中选 3 的集合中它们一共在 5 个组合中出现，分别为 $(0, 1, 2)$、$(0, 1, 3)$、$(0, 1, 4)$、$(0, 1, 5)$、$(0, 1, 6)$。因为要求 0 和 1 同组的组合只能出现一次，所以符合要求的子集中一定只有 $35 \div 5 = 7$ 组合。同时，通过对上面这个子集进行轮换操作，我们还可以得到其他 4 个符合要求的子集。"

扬突然睁大了眼睛，大声说道："我知道了！如果我们部门只有 7 个人，那么上面这 7 个组合就是符合领导额外条件的排班表——以 7 个工作日为一个循环，其中每个人去公司上班 3 天，在家工作 4 天，任意两个人有且仅有一天同时到办公室上班。那么，对于 9 个人，有没有符合条件的解呢？"

"9 个人的话,需要几个工作日为一个循环呢?"马丁笑着反问道。

扬回答道:"9 选 3 一共有 $C_3^9 = 84$ 种组合,其中任意一对数字重复出现了 9 - 2 = 7 次,所以需要从集合中选取 84 ÷ 7 = 12 个组合形成子集。因此,一个循环是 12 个工作日。不过,这仅仅是一个必要条件。"

"没错。事实上,我们可以将这 84 个组合分成 7 个子集,每个子集包含 12 个组合,每个子集都是一种符合你领导额外要求的排班表。比如下面这个子集:(0, 1, 2)、(0, 3, 6)、(0, 4, 8)、(0, 5, 7)、(3, 4, 5)、(1, 4, 7)、(1, 5, 6)、(1, 3, 8)、(6, 7, 8)、(2, 5, 8)、(2, 3, 7) 和 (2, 4, 6)。这意味着,在 12 个工作日的循环中,部门中的每个人将在公司工作 4 天,其他 8 天在家工作。"

显然,扬很满意这个结果:"谢天谢地,咱们是不是该喝两杯庆祝一下?"

马丁从冰箱中取出两瓶啤酒,从橱柜中拿出两个杯子,一一倒上。

"这样的分组问题,也被称为施泰纳三元系(Steiner Triple System,STS)问题。对于顶点数 v 为 7 或 9 的情况,上面我们已经证明了施泰纳三元系 STS(7) 和 STS(9) 的存在。类似于 STS(7),我们同样可以用图形表示 STS(9)(图 4.3.3)。在这个九边形中,任意两个顶点之间都有且只有一条边相连,同时,每个顶点分别是一个红色三角形、一个黄色三角形、一个绿色三角形和一个蓝色三角形的顶点。这表示每一个顶点都位于 4 个不同的组中,同时任意 2 个点都位于且只位于一个组中。"

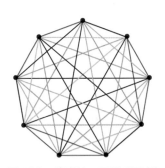

图 4.3.3　施泰纳三元系 STS(9)

马丁继续解释说:"当然,并不是对于任意顶点数 v,都存在 STS(v)。比如,当 $v = 4$ 时,在生成 (0, 1, 2) 这个组之后,余下的顶点 3 将无法安排,因为要么它无法和其他点同组,要么和它同组的另外两个顶点已经在 (0, 1, 2) 中。所以不论哪种情况,都不能符合要求,无法构成 STS(4)。"

课堂上来不及思考的数学 2:挑战思维极限

扬摊开手，笑着说："我想我能找到最平凡的那个解 STS(3)，(0, 1, 2) 完全符合要求。顶点数和施泰纳三元系之间是否存在关系呢？"

马丁答道："对于顶点数 v 来说，$v \equiv 1$ 或者 $3(\bmod 6)$ 是存在 STS(v) 的充分必要条件。你找到的 $v = 3$，我们一起证明的 $v = 7$ 和 $v = 9$ 都符合这个规律。我简单地来说明一下关于这个定理必要性的证明。

"假设有 v 个顶点的集合 S 存在施泰纳三元系，STS(v) 由 t 个三元组组成。观察任意 2 个顶点的组合，在每一个三元组中存在 3 个这样的组合，t 个三元组一共有 $3t$ 个这样的组合；同时，S 中有 v 个顶点，所以在 S 中存在 $C(v, 2) = \dfrac{v(v-1)}{2}$ 个这样的组合。因此有 $3t = \dfrac{v(v-1)}{2}$，即 $t = \dfrac{v(v-1)}{6}$。

"此外，对于某个顶点，比如顶点 0，它和其他的 $v - 1$ 个顶点组成了若干个三元组，这些三元组都由顶点 0 和其他 2 个顶点组成，所以 $v - 1$ 必须是偶数。因此 v 只能是奇数，这样 v 对 6 取余的话，只有 1、3 和 5 这 3 种可能。

"对于 $v = 6k + 5$，将其代入上文中的 $t = \dfrac{v(v-1)}{6}$，得到 $t = \dfrac{(6k+5)(6k+4)}{6} = 6k^2 + 9k + \dfrac{10}{3}$，与 t 是一个整数相矛盾。所以 $v \equiv 1$ 或者 $3(\bmod 6)$ 是 STS(v) 存在的必要条件。"

扬轻松地回应道："有意思。这么说来，跟在 3、7 和 9 后面的是顶点数为 13、15、19……的体系，对于那些有更多员工的部门，似乎也有机会实现这一额外要求。"

"是的。"马丁说，"实际上，在 100 多年前，就有人对 15 个顶点的 STS 做过讨论和研究，这就是著名的'**柯克曼女生散步问题**'。在 1850 年的英国，一位叫作托马斯·柯克曼（Thomas Penyngton Kirkman）的数学家在数学杂志《女士和先生们的日记》中提出了一个问题……"

"这个杂志的名字听起来很随意啊。"扬打断道。

"不，不，虽然名字有些独特，但它确实是一本很正经的数学杂志。"马丁解释道，"女生散步问题是这样表述的：一个寄宿学校的某个班级有 15 个女生，她们每天都出去散步一次，散步时 15 个人分成 3 人一组，一共 5 组。请问该如何安排散步方案，可以使得任意两个女生在一周 7 天内恰好同组散步且仅散步一次？"

"这和我们的返工日程表非常相似啊，"扬评论道，"都是三元组，都要求任意两个人同组且只同组一次。不过，女生散步问题要求所有 15 个女生都出现在每天的分组之中，似乎条件更为苛刻？"

马丁点点头："是的，扬，你的直觉一直很好。事实上，关于施泰纳三元系存在的充分必要条件就是柯克曼发现和证明的。在研究中，他还发现有些施泰纳三元系可以分为若干个区块，每个区块包含 $\frac{v}{3}$ 个组，每一个顶点在区块中出现且仅出现一次。

"STS(9) 就是符合这一条件的一个施泰纳三元系。如果我们把 STS(9) 的 12 个三元组分为 4 行，每一行的 3 个组形成一个符合这一条件的区块。换句话说，你们部门的 9 个人也可以每天出门散步，9 个人分成 3 人一组，一共 3 组，可以使得任意两个同事在 4 天内恰好同组散步且仅散步一次。"

第一天：(0, 1, 2), (3, 4, 5), (6, 7, 8)

第二天：(0, 3, 6), (1, 4, 7), (2, 5, 8)

第三天：(0, 4, 8), (1, 5, 6), (2, 3, 7)

第四天：(0, 5, 7), (1, 3, 8), (2, 4, 6)

"对于 STS(7)，因为 7 不能被 3 整除，所以我们就无法做到这一点。在柯克曼女生散步问题中，一共 15 个女生，15 是 3 的倍数，STS(15) 有 35 个三元组，所以我们可以得到符合这一条件的方案。"

第一天：(0, 1, 2), (3, 4, 5), (6, 7, 8), (9, 10, 11), (12, 13, 14)

第二天：(0, 3, 6), (1, 4, 7), (2, 9, 12), (5, 10, 13), (8, 11, 14)

第三天：(0, 4, 9), (1, 5, 11), (2, 7, 14), (3, 8, 13), (6, 10, 12)

第四天：(0, 5, 14), (1, 3, 12), (2, 6, 11), (4, 8, 10), (7, 9, 13)

第五天：(0, 7, 10), (1, 6, 13), (2, 5, 8), (3, 9, 14), (4, 11, 12)

第六天：(0, 8, 12), (1, 10, 14), (2, 4, 13), (3, 7, 11), (5, 6, 9)

第七天：(0, 11, 13), (1, 8, 9), (2, 3, 10), (4, 6, 14), (5, 7, 12)

"太神奇了！"扬感叹了一句，"但是，这个问题的答案如此复杂，怎么才能轻松地记住它呢？"

马丁喝完了杯中的啤酒，笑着说："显然，你不是第一个提出类似问题的人。有不少人曾经尝试过设计一些简单的工具，帮助人们直观地得到施泰纳三元系或者柯克曼女生散步问题的解。比如类似于在 STS(9) 上用过的多边形，同样也可以为 STS(15) 设计一个十五边形，将每两个点都用线段连接起来，然后用不同的颜色构造一些三角形——只不过，现在我们需要 7 种颜色，这显然有些过于眼花缭乱了（图 4.3.4）。

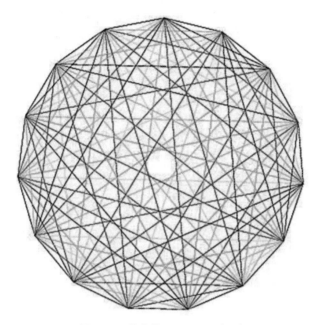

图 4.3.4　施泰纳三元系 STS（15）

"另外一类工具则是一种圆盘。将 15 个点以辐射状分成 3 层排列，从圆心向外分别有 1 个点、7 个点和 7 个点；圆盘上另有 5 条直线、弧线或者折线，每条线连接 3 个点。圆盘和点是固定不动的，5 条线则按照逆时针绕圆心转动，每次转动的角度为 $\dfrac{2\pi}{7}$。这样，在线和圆盘之间的每一个相对位置上，5 条线连接起来的点就决定了某一天柯克曼女生散步的 5 个分组。

"如果我们用数字 0 ~ 15 从圆心向外依次标记这 15 个点，那么当 5 条线通过旋转遍历了 7 个相对位置以后，我们就可以完整地得到柯克曼女生散步问题的一个解（图 4.3.5）。"

第一天：(0, 1, 8), (2, 6, 14), (3, 4, 13), (5, 7, 11), (9, 10, 12)

第二天：(0, 2, 9), (3, 7, 8), (4, 5, 14), (1, 6, 12), (10, 11, 13)

……

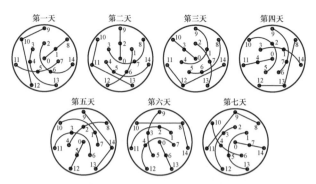

第一天 第二天 第三天 第四天

第五天 第六天 第七天

图 4.3.5　柯克曼女生散步问题的图解

　　"这个工具太方便了！马丁，你也给我做一个有 9 个点的圆盘吧，我拿去给领导交差！"扬充满期待地说。

　　马丁哈哈一笑，说："这个任务不如交给我们的读者吧，作为一个彩蛋问题，即 STS（9）的圆盘和相应的 3 条连线该如何设计呢？"

 彩蛋问题

　　请帮助马丁和扬设计 STS(9) 圆盘及相应的连线。

本节术语

　　分组问题： 组和组之间不存在特性、顺序上的任何差别，将若干个元素分入这些组中，被称作分组问题。

　　分配问题： 组和组之间存在特性或者顺序上的差别，每个组被视为不同的个体，将若干个元素分入这些互不相同的组中，被称作分配问题。

　　施泰纳三元系： 是一种平衡不完全区组设计，区组即分组。平衡，表示这种设计结果具有对称性或者轮换性。不完全，表示这种设计结果只是包含所有可能组的集合的一个子集。施泰纳三元系的每一个组由 3 个元素组成（即三元系），其存在的充分必要条件为元素数 $v \equiv 1$ 或者 3(mod 6)。

附录 A　术语索引

附录 B　彩蛋问题解答

1.1 特斯拉的强迫症

整数 1、2、3、4、5、6、7、8、9 和 10 的最小公倍数为 $5 \times 7 \times 8 \times 9 = 2520$。21 世纪第一个超级整除日在 2020 年 3 月 20 日，所以将第二个超级整除日表示成一个 8 位整数 x 后，它和 20200320 之间相差 2520 的整数倍。

考虑到 x 的最后两位表示的是"日"，一个月最多只有 31 天，而 20、40、60、80、00 之中只有 20 可以是一个日期，因此 x 和 20200320 之间相差 $2520 \times 5 = 12600$ 的整数倍。问题简化为，抛开日（20），将第二个超级整除日的年份和月份表示成一个 6 位整数 y，那么 y 和 202003 之间相差 126 的整数倍。

考虑 y 的最后两位表示的是"月"，一年有 12 个月，所以 202003 以后，下一个合理的月份将出现在 4 个 126 之后，即 $202003 + 126 \times 4 = 202507$。

因此，21 世纪下一个超级整除日是 2025 年 7 月 20 日，20250720 可以被 1、2、3、4、5、6、7、8、9、10 中的任意一个数整除。

1.2 折叠的厕纸

易验证，任意一个自然数的立方除以 7 的余数只有 3 种可能：0、1 和 6。那么，任意两个自然数 m 和 n 的立方和 $m^3 + n^3$ 除以 7 的余数只有 5 种可能：0、1、2、5 和 6。

因为 100010001 可以被 7 整除，所以 201920192019 也可以被 7 整除，将 20192019…2019（共 2020 个 2019）分成若干节，每节有 3 个 2019，最后剩下 1 个 2019，即

20192019<u>2019</u> 201920192019…<u>201920192019</u>

其中每一节代表的正整数都可以被 7 整除，所以 20192019…2019（共 2020 个 2019）$\equiv 2019 \equiv 3 \pmod{7}$，即 20192019…2019（共 2020 个 2019）除以 7 的余数为 3。

因此，不存在正整数 m 和 n，使得 $m^3 + n^3 = 20192019\cdots2019$（共 2020 个 2019）。

1.3 麦当劳的大奖

设丢番图活了 x 岁。根据墓志铭上的叙述，$\frac{x}{6} + \frac{x}{12} + \frac{x}{7} + 5 + \frac{x}{2} + 4 = x$，解得 $x = 84$。丢番图活了 84 岁。

2.2 乔伊的地图

我们手机导航中的小箭头也是一个不动点，因为它在手机导航地图里代表的位置和它在现实世界中的位置是重叠的。在导航过程中，这个小箭头一直在动，是因为手机随着我们在移动，所以导航中的小箭头在现实世界中的位置也在移动。因为这个小箭头的不动点特性，它在导航地图里代表的位置始终和它在现实世界中的位置重合，所以我们在导航地图中看到这个小箭头一直在动。

3.1 会美颜的画家

传说中的拿破仑关于厄尔巴岛的名言 *Able was I ere I saw Elba* 是一句回文，这句话不论从左向右读，还是从右向左读，逐字母的内容一模一样。

3.2 幸运的航海家

图中的四点共圆一共有以下 4 组：*ABCD*、*EFGH*、*CLHN* 和 *DLHO*。

3.3 费脑子的绘马

如附图 B.1 所示，设正方形草地的边长为 a，P 点为猎狗，猎狗的速度为 v_p，Q 点为兔子，兔子的速度为 v_q。猎狗和兔子的速度之比 $r = \dfrac{v_p}{v_q}$。

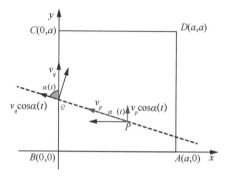

附图 B.1　猎狗追兔问题的函数表示

v_q 和 PQ 连线间的夹角 α 为 t 的函数 $\alpha(t)$，对于某个时间点 t，v_q 沿 PQ 方向上的分量为 $v_q \cdot \cos\alpha(t)$，v_p 在 y 方向上的分量为 $v_p \cdot \cos\alpha(t)$。

这样，P 点在从 A 点到 C 点的过程中，在 y 方向上的变化量为 a，即

$$a = \int v_p \cos\alpha(t)\mathrm{d}t = r\int v_q \cos\alpha(t)\mathrm{d}t \qquad (\text{B.1})$$

同时，以 PQ 之间的连线为参照系，考虑 P 对 Q 的相对速度，那么在任意时刻 t，P 对 Q 的相对速度为 $v_p - v_q \cdot \cos\alpha(t)$；初始时 PQ 之间的距离为 a，追到时 PQ 之间的距离为 0，整个过程中这个距离的变化量也为 a。所以，

$$a = \int \left[v_p - v_q \cos\alpha(t) \right]\mathrm{d}t = r\int v_q\mathrm{d}t - \int v_q \cos\alpha(t)\mathrm{d}t = ra - \int v_q \cos\alpha(t)\mathrm{d}t \quad (\text{B.2})$$

将式（B.1）的积分项代入式（B.2），得到 $a = ra - \dfrac{a}{r}$，解得 $r = \dfrac{1+\sqrt{5}}{2}$。

3.4 满是石头的湖岸

虽然人类男性的平均身高只有 1.7 米，但因为血管的类分形结构，人体内大大小小的血管共有 1000 多亿条，如果把它们首尾连接起来，这些血管的总长度将达到 10 万多千米，足以绕赤道 2 周半。可见，人类血管的类分形结构的维数也近似于一个大于 1 的分数。

4.1 商人爸爸的早教

很显然，不会有任意 n 个人都出生在同一天，问题一定出现在论证过程中。

首先看归纳基础，对于 1 个人来说，生日肯定在同一天，这一步没有问题。

课堂上来不及思考的数学 2：挑战思维极限

其次看归纳假设，虽然"假设任意 k 个人的生日在同一天"也不合常理，但这一步仅仅是假设，也是允许的。

最后看归纳递推，将 $k+1$ 个人分为第 1 个人到第 k 个人以及第 2 个人到第 $k+1$ 个人重叠的两段，看似非常精妙，但这里隐藏了一个前提，即 $k \geqslant 2$，否则第二段不存在。$k \geqslant 2$ 这个前提和归纳基础 $k=1$ 无法衔接，因此这个数学归纳法的论证是错误的。好比缺失了第 2 块骨牌，后面的多米诺骨牌排得再好，在推倒第 1 块骨牌后，其他骨牌也不会依次倒下。

如果将序列的起点改为 $k=2$，后续的递推可以成立；但是归纳基础变为"任意 2 个人的生日在同一天"，很显然，这个归纳基础无法成立。

4.2 薛定谔的酒鬼

这个选择信封的问题和酒鬼问题是类似的，它和三门问题不同，信封交换之前你并不知道任何确定性的信息。在玩上足够多次游戏之后，看似可以通过交换来得到额外 25% 的收益，但实际上这只是用相对值来计算收益提升给你带来的错觉。如果用绝对值来代替相对值，那么很容易得出交换并不会带来额外收益的正确结论。

假设你开始拿起的是 100 元的信封，交换以后你将获得 200 元，交换带来的收益提升是 100 元。反之，如果开始拿起的是 200 元的信封，交换带来的收益提升则是 -100 元。因为两种情况的概率各占 50%，所以交换信封带来的收益提升的数学期望是 $(100 \times 50\% - 100 \times 50\%) \div 100\% = 0$ 元。

股票的涨跌计算方式中也存在类似的谬误，比如一只股票第一天涨了 10%，第二天又跌了 10%，看似这两天涨跌相抵，不赚不亏，但实际上，如果假设股票的价值原来为 p，第一天收盘后为 $1.1p$，第二天收盘后只有 $0.9 \times 1.1p = 0.99p$，两天下来实亏 1%。

4.3 棘手的任务

如附图 B.2 所示，每次逆时针旋转 45°，对应的 4 天分组分别如下。

第一天：$(0, 1, 2), (3, 4, 5), (6, 7, 8)$

第二天: (0, 3, 6), (1, 4, 7), (2, 5, 8)

第三天: (0, 4, 8), (1, 5, 6), (2, 3, 7)

第四天: (0, 5, 7), (1, 3, 8), (2, 4, 6)

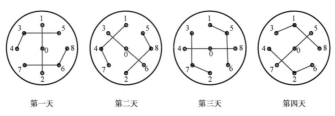

附图 B.2　图盘设计

课堂上来不及思考的数学 2：挑战思维极限